Sibylle Anderl und Claus Leggewie
Die Sonne. Eine Entdeckung

Sibylle Anderl und Claus Leggewie

Die Sonne. Eine Entdeckung

Matthes & Seitz Berlin

Inhalt

Look up! Zur Einführung in eine Entdeckungsreise 7

Kapitel 1
Wie die Sonne entdeckt wurde 9
Die Sonne im Blick * Der Lauf der Sonne *
Die imperfekte Sonne * Die endliche Sonne *
Der Aufbau der Sonne * Die unruhige Sonne *
Die Sonne und der Klimawandel * Moderne
Missionen * Das Leben der Sonne * Die Sonne
als Lebensspenderin

Kapitel 2
Sonnenaufgang: Was die Sonne bedeutet 67
Selbstlauf der Sonne * Die Macht der Sonne
und ihre Stellvertreter auf Erden * Sol wird
Christus * Der Westen besiegt den Osten *
Der Fall der Sonnenkönige * Nichts Schönres
unter der Sonne als unter der Sonne zu sein:
Der schöne Schein * Sonnenuntergang

Kapitel 3
Sonnenwende 115
Später Durchbruch einer alten Idee * Leichter
erzeugt als gespeichert * Entdecker und Erfinder *

Ein Siegeszug mit (politischen) Hürden * Innovationen sind nötig * Solares Geoengineering: die Sonne manipulieren * Eine umstrittene Strategie * Neues Interesse * Die Experimente beginnen * Eine Lösung, die Teil des Problems ist? * Sonne auf Erden: Prometheus heute * Besser als Kernspaltung * Wie man Atomkerne verschmelzen lässt * Erste Erfolge auf einem noch langen Weg

Ausblick: Zeit für Solarpunk? 163
Playlist

Abbildungsverzeichnis 167

Anmerkungen 169

Dank 189

Look up! Zur Einführung in eine Entdeckungsreise

Ist es wirklich nötig, die Sonne zu entdecken? Man sieht sie doch fast täglich. Wir denken: ja! Denn wer genauer hinschaut, findet so einiges: das jahrtausendealte Menschheitswissen über Wetter und Navigation, Ackerbau und Pflanzenzucht, Wohlbefinden und vieles mehr, was die Heutigen vergessen oder an Smartphones und Experten delegiert haben. Seit uns die Sonne immer häufiger den Schweiß auf die Stirn treibt und ganze Landstriche veröden, schaut man diese Quelle allen Lebens eher ängstlich an und versucht sich vor ihr zu schützen. Bei näherem Hinsehen entdeckt man, wie unvollkommen unser Stern ist, endlich und unruhig. Leistungsfähige Teleskope und Weltraummissionen lassen uns genauer ergründen, welche oft unerwarteten Eigenschaften die Sonne besitzt, woraus sie besteht, wie sie aufgebaut ist – und wann sie für unsere Zivilisation zur Gefahr werden kann.

Zu den astrophysikalischen Grundlagen unserer Neuentdeckung treten die ästhetischen Dimensionen von Licht, Farbe und Leben, das die Sonne spendet. Ebenso alt sind nämlich Mythen der Sonne: Im Lauf der Menschheitsgeschichte wurde sie vergöttlicht, vermenschlicht und politisiert. Ganze Kulturen bauen auf ihrer je speziellen Deutung der Himmelskörper auf und haben die Sonne mit unterschiedlichen Medien – Dichtung, Musik und vor allem bildende Künste – dargestellt. Zu entdecken sind also die Gründe für den Aufstieg und Fall der Sonnengötter und -könige und die Elemente einer solaren

Gesellschaft, die ohne solche Personifizierungen auskommt.

Seit die Sonne als Nebeneffekt von Klimawandel und Artensterben wieder stärker ins Zentrum gerückt ist, wird sie auch als Krisenlöserin herangezogen. Mit Solarstrom lassen sich womöglich Energie- und Verkehrswende beschleunigen, mit solarem Geoengineering eventuell drohende Katastrophen abwenden und mit der Kernfusion freundliche Utopien einer nie versiegenden Energiequelle spinnen. Wie den Rest unserer natürlichen Umwelt wollen wir die Sonne entweder nutzen und verwerten oder sie mit Großtechnologie kontrollieren und beherrschen oder uns ihre Kraft durch die Imitation ihrer Energieerzeugung, der Kernfusion, aneignen. Alle drei Wege werden derzeit vorgeschlagen und verfolgt, aber man sollte nie vergessen, dass eine Entdeckung der Sonne ohne die Selbstentdeckung des Menschen nicht gelingen kann. Gleichzeitig gilt aber auch umgekehrt: Wir können uns selbst nicht verstehen, ohne die Sonne zu verstehen.

Kapitel 1

Wie die Sonne entdeckt wurde

»When we look at the twinkling light of the stars, we need all our powers of imagination to visualize what they really are.«

Cecilia Payne-Gaposchkin, 1926[1]

Die Sonne im Blick

Wenn wir Menschen heute in den Nachthimmel schauen, dann sehen wir dort die Planeten als besonders helle Punkte, und wir sehen unzählige Sterne. Wenn wir Glück haben (und gute Augen) auch unsere Nachbargalaxie Andromeda – und selbst bei schlechten Lichtverhältnissen sehen wir eine rasant wachsende Zahl über den Himmel eilender Satelliten und vielleicht auch ein paar blinkende Flugzeuge. Wir haben dabei zumindest eine grobe Vorstellung davon, was sich dort draußen im Kosmos abspielt, wissen vielleicht, dass die Erde der drittinnerste Planet in unserem Sonnensystem ist, dessen nächster Nachbarstern sich in der weiten Entfernung von 4,2 Lichtjahren befindet, und dass sich dieses System in 26 000 Lichtjahren Entfernung um das Zentrum einer Spiralgalaxie bewegt, die wir Milchstraße nennen. Deren Querschnitt sehen wir in dunklen Nächten als helles Band aus Sternen am Himmel, doch ist dieser Anblick angesichts verbreiteter Lichtverschmutzung selten geworden. Wir wissen heute zwar mehr über den Kosmos als je zuvor in der Menschheitsgeschichte, doch gleichzeitig ist dieses Wissen weniger denn je in unserem Alltag verankert.

Diese kosmische Alltagsentkoppelung hat auch damit zu tun, dass wir heute, anders als unsere Vorfahren, dank unserer Technologien in einer Position sind, in der wir insbesondere den Lauf der Sonne, aber auch den aller anderen Himmelskörper weitgehend ignorieren können. Die Sonne, und mit ihr das Wetter, scheint höchstens noch praktische Relevanz zu besitzen, wenn es um die Wahl der Verkehrsmittel oder der Freizeitaktivitäten geht. Doch als Informationsquelle dient uns heute nicht mehr der Blick in den Himmel, sondern unser Smartphone, das uns Navigation, Uhrzeit, Kalender und Wettervorhersage bereitstellt. Damit hat sich unser In-der-Welt-Sein im Vergleich zu den Zehntausenden Jahren der Menschheitsgeschichte vor uns radikal verändert. Unsere Vorfahren lebten im Bewusstsein der Abhängigkeit von diesem mächtigen Himmelskörper, der ihren Alltagsrhythmus ebenso bestimmte wie den Gang der Jahreszeiten. Sie richteten Gräber und Tempel nach dem Lauf der Sonne aus und kamen nicht umhin, sie aufmerksam zu beobachten, wenn sie ein gutes Leben führen wollten.

Heute laufen wir Gefahr, dieses praktische Wissen aus beobachtender Nähe zur Sonne zu verlieren – und damit unsere historisch so enge Beziehung zu unserem Heimatstern zusammen mit einem echten Gefühl für unsere Position im Kosmos. Nicht nur deshalb mag es aufschlussreich sein, mit der historisch ersten Entdeckung der Sonne zu beginnen und zu fragen: Was haben unsere Vorfahren aus der Beobachtung der Sonne über unseren Kosmos lernen können? Was sagt uns die Sonne als Bindeglied zwischen uns und dem All? Was können wir entdecken, wenn wir die Sonne ohne weitere Hilfsmittel einfach nur in ihrem jährlichen Lauf beobachten?

Der Lauf der Sonne

Die augenfälligste Wirkung der Sonne auf unser Leben besteht in den Jahreszeiten, die sich nicht nur durch unterschiedliche Tageslängen und Temperaturen auszeichnen, sondern auch durch den sich verändernden Lauf der Sonne. Wer diesen über das Jahr hinweg aufmerksam beobachtet – wozu die Wenigsten heute noch in der Lage sind –, dem fällt natürlich auf, dass die Mittagssonne vom Frühjahr bis zum Sommer auf der Nordhalbkugel jeden Tag immer höher steigt, bis sie zur Sommersonnenwende ihren höchsten Stand erreicht. Anschließend sinkt ihr höchster Punkt wieder tiefer und erreicht im Winter seine minimale Höhe, zusammen mit der kürzesten Tageslänge. Der längste und der kürzeste Tag im Jahr, Sommer- und Wintersonnenwende am 20., 21. oder 22. Juni beziehungsweise am 21. oder 22. Dezember, sind daher bemerkenswerte Daten. An ihnen besitzen Schatten beim höchsten Sonnenstand maximale oder minimale Länge. Auffällig sind außerdem diejenigen Zeitpunkte, an denen Tag und Nacht jeweils gleich lang sind und die als »Equinox«, als Tagundnachtgleiche, den Beginn von Frühling und Herbst markieren.

Nicht nur die Tageslängen und Höchststände der Sonne ändern sich über das Jahr hinweg. Der geduldige Beobachter bemerkt außerdem, dass die Orte des Sonnenauf- und untergangs am Horizont variieren – von Südost nach Nordost sowie von Südwest nach Nordwest und wieder zurück. Nur an den beiden Tagundnachtgleichen geht die Sonne genau im Osten auf und im Westen unter. Die Himmelsrichtung des Sonnenaufgangs am Horizont hängt dabei nicht nur vom Datum ab, sondern auch von der Position des Beobachters auf der Erde – genauer: von der geografischen Breite seiner Position. Während oberhalb des Polarkreises die Sonne im Hochsommer nie unter- und im tiefsten Winter nie aufgeht, variiert die Tageslänge über das Jahr am Äquator nur wenig.

Die ersten Bauern im Neolithikum ab etwa 10 000 v. Chr. waren bereits aufmerksame Sonnenbeobachter. Bei Aussaat und Ernte waren sie in deutlich stärkerem Maße von den Jahreszeiten abhängig als ihre wandernden und jagenden Vorfahren. Bauwerke der Jungsteinzeit wie etwa der irische Newgrange-Grabhügel oder das bekannte Stonehenge-Monument weisen Ausrichtungen auf, die offenbar so geplant wurden, dass sie zur Winter- oder auch Sommersonnenwende beziehungsweise zu den Tagundnachtgleichen bei Sonnenaufgang in besonderer Weise erleuchtet werden. Dadurch lieferten sie zeitliche Orientierung im Jahreslauf.

Solche architektonischen Besonderheiten findet man auch später noch weltweit in Kultstätten von praktisch allen Kulturen. Im mexikanischen Chichén Itzá etwa wird die Pyramide des Kukulkán, gebaut vermutlich um das Jahr 1000 n. Chr., um die beiden Tagundnachtgleichen zum Sonnenuntergang so beleuchtet, dass eine Schlange die Pyramide hinabzugleiten scheint.[2] Die Inkastadt Machu Picchu beherbergt verschiedene Bauwerke, die auf den Sonnenstand zu den Sonnenwenden Bezug nehmen.[3] Im peruanischen Chanquillo wurden im 4. Jahrhundert v. Chr. 13 Türme so errichtet, dass sie als präzise Messskala für die sich über das Jahr hinweg am Horizont verschiebenden Sonnenaufgänge dienen konnten.[4] Es gibt unzählige weitere Beispiele für solche astronomischen Bauten – auch wenn deren astroarchäologische Deutung im Rückblick nicht immer einfach und oft kontrovers ist. Doch sie verdeutlichen, wie wichtig es während des größten Teils der Menschheitsgeschichte war, anhand des Laufs der Sonne die richtigen Zeitpunkte für Saat und Ernte, aber auch für heilige Rituale zu ermitteln.

Frühe Hochkulturen wie die chinesische, die ägyptische oder die babylonische berücksichtigten den Stand der Sonne nicht nur in ihren Bauwerken,[5] sie erstellten auch umfangreiche Aufzeichnungen zu besonderen Himmelsereignissen und der Position der Himmelskörper. Zur

Protokollierung des Sonnenstands im Jahreslauf existiert ein besonders einfaches Instrument: der Gnomon, ein senkrecht im Boden steckender Stab. Seine Verwendung ist in China und Babylonien bereits für die Zeit vor mehr als 2000 Jahren v. Chr. nachgewiesen.[6] Wenn man die Schattenrichtungen zu Mittag (beziehungsweise die Winkelhalbierende zwischen zwei gleich langen Schatten, die vor und nach Mittag beobachtet wurden) markiert, kann man damit die Himmelsrichtung Norden bestimmen. Die Schattenlänge zu Mittag zeigt wiederum die Jahreszeit und in ihren Extremwerten die Sonnenwenden an – je höher die Sonne im Sommer steigt, desto kürzer der Schatten. Der Vergleich der Mittags-Schattenlängen an verschiedenen Standorten schließlich ermöglicht eine Schätzung der geografischen Breite. Sofern der Schatten noch zu anderen Tageszeiten als nur mittags protokolliert wird, wird aus dem Gnomon eine Sonnenuhr, eine Anwendung, die etwa für das Alte Ägypten dokumentiert ist.[7]

Dass ein Jahr, ein voller Durchlauf der vier Jahreszeiten, aus rund 365 Tagen besteht, beobachteten viele der frühen Hochkulturen. Für die Erstellung von verlässlichen Kalendern ergibt sich allerdings das Problem, dass die Jahreslänge – also die Zeit, bis Erde und Sonne nach einem Umlauf der Erde wieder die gleiche relative Position zueinander einnehmen – keinem ganzzahligen Vielfachen der Tageslänge entspricht, sondern sie beträgt 365 Tage und knapp 6 Stunden. Sofern ein Jahr als Zeitraum von 365 Sonnentagen definiert wird, also ohne Berücksichtigung der zusätzlichen sechs Stunden, verschieben sich Kalender und Jahreszeiten mit der Zeit relativ zueinander. Dass man diesen Effekt durch die Einführung eines Schalttages alle vier Jahre grob kompensieren kann, bemerkte bereits Erastosthenes von Kyrene im 3. Jahrhundert v. Chr. Im Jahr 238 v. Chr. ließ Pharao Ptolemaios

III. einen solchen Schalttag einführen,[8] später griff auch Julius Cäsar diese Lösung auf. Im gregorianischen Kalender wurde schließlich durch die Einführung bestimmter Schaltjahre (Jahreszahlen, die durch 4 und 100, aber nicht durch 400 teilbar sind), in denen der Schalttag entfällt, der Tatsache Rechnung getragen, dass es eben jedes Jahr nicht genau sechs Stunden sind, die zu den 365 Tagen hinzukommen, sondern nur 5 Stunden und knapp 49 Minuten.

Neben den Sonnenbeobachtungen, die den Menschen eine zeitliche Orientierung in ihrer Abhängigkeit von den Jahreszeiten ermöglichten, betraf eine weitere wichtige Klasse von Beobachtungen die Sonnen- und Mondfinsternisse. Es ist eine merkwürdige Besonderheit des Erde-Mond-Sonne-Systems, dass der relative Unterschied der scheinbaren Größen von Sonne und Mond recht genau vom relativen Unterschied von deren Entfernungen zur Erde kompensiert wird: Ihre Größe unterscheidet sich um fast den Faktor 400 und genauso ihre Entfernung. Beide Himmelskörper erscheinen daher gleich groß am Himmel – wobei das genaue Größenverhältnis zu einem gewissen Grad vom variierenden Abstand der Erde zur Sonne auf ihrer elliptischen Bahn und vom leicht variierenden Abstand des Mondes zur Erde abhängt.

Es gibt wohl kein anderes astronomisches Phänomen, das so eindrucksvoll wirkt wie eine Sonnenfinsternis, wenn mitten am Tag Dunkelheit hereinbricht. Es überrascht daher nicht, dass Sonnenfinsternisse vielfach als Zeichen bevorstehenden Unheils gedeutet wurden, und ihre Aufzeichnung und Vorhersage war in vielen Kulturen eine wichtige Aufgabe. Die ältesten Zeugnisse der Beobachtung von Sonnenfinsternissen sind einige Jahrtausende alt. Im irischen County Meath könnten in einer Grabanlage entdeckte Steingravuren als Darstellungen einer Sonnenfinsternis etwa 3300 v. Chr. gedeutet werden.[9]

Im heutigen Syrien wurde eine Tontafel gefunden, auf der eine Sonnenfinsternis vermerkt wurde, die wohl entweder 1375 oder 1223 v. Chr. beobachtet wurde. Etwa 1200 v. Chr. wurden im chinesischen Anyang von Schriftgelehrten Sonnenfinsternisse auf Ochsenschulterblättern und Schildkrötenpanzern festgehalten. Auch bei den Mayas und in der Pueblo-Kultur wurden entsprechende Aufzeichnungen gefunden, die sich als Protokolle von Sonnenfinsternissen deuten lassen.

Heute wissen wir (wie auch schon die Griechen in den letzten Jahrhunderten v. Chr.), dass die Finsternisse auftreten, wenn Sonne, Erde und Mond sich in einer geraden Linie befinden, sodass sich der Mond vor die Sonne schiebt – bei Mondfinsternissen ist es der Erdschatten, der auf den Vollmond fällt. Da aber die Bahnebenen des Mondes relativ zu der Bahnebene der Erde um die Sonne geneigt sind, passiert das nicht bei jedem Voll- und Neumond, sondern nur, wenn der Mond durch die Ebene der Erdbahn tritt und die drei Himmelskörper tatsächlich mit ausreichender Genauigkeit auf einer Linie stehen. Der Kernbereich des Mondschattens fällt außerdem immer nur auf einen schmalen, einige Hundert Kilometer breiten Streifen auf der Erde: Sonnenfinsternisse sind kein globales Phänomen. Für unsere Vorfahren hieß das: Die Vorhersage von Sonnenfinsternissen war eine überaus schwierige Herausforderung.

Trotzdem versuchten sich Menschen schon früh an dieser Aufgabe.[10] Ein beobachtbares Anzeichen einer möglichen Finsternis ist die räumliche Nähe von Sonne und Mond bei Voll- oder Neumond. Für eine längerfristige Vorhersage braucht man aber historische Aufzeichnungen vergangener Finsternisse, um darin nach mathematischen Regelmäßigkeiten zu suchen. Am umfassendsten wurde das von den Babyloniern betrieben. Zwischen 700 und

50 v. Chr. dokumentierten sie viele Hunderte dieser Ereignisse und sagten auf dieser Grundlage deren Auftreten voraus. Wie genau sie das anstellten, ist nicht in allen Einzelheiten klar, aber tatsächlich gibt es verschiedene Zyklen, die dafür genutzt werden können, etwa die Saros-Periode: Demnach wiederholt sich eine Finsternis nach 223 Mondzyklen, also nach etwa 18 Jahren. Es gibt noch weitere Zyklen mit anderen Perioden. Alle Finsternisreihen enthalten jeweils eine endliche Anzahl von Finsternissen, die zunächst partiell sind und im Fortschreiten der Reihe total werden, bevor sie wieder zu partiellen Finsternissen werden. Die Saros-Reihen sind deswegen besonders zuverlässig, weil sie sich über so viele Jahrhunderte erstrecken, dass sie über Generationen hinweg Gültigkeit bewahren. Auch von anderen Kulturen wie den Maya und ebenso von den antiken Griechen weiß man, dass sie diese Zyklen kannten.

Insbesondere die antiken Griechen versuchten anhand theoretischer Überlegungen auf unseren Platz im Kosmos zu schließen, und dabei spielten die Finsternisse eine wichtige Rolle. Als Grundlage dienten ihnen die erwähnten längerfristigen Beobachtungen der Sonne und auch anderer Himmelskörper – viele Einsichten hatten sie von den Babyloniern übernommen. Dass die Erde eine Kugel ist, zeigt sich bereits an der Kreisform des Erdschattens, wenn dieser auf den Mond fällt. Man kann das aber ebenso aus der Tatsache erschließen, dass die Schatten, die von der Sonne zum selben Zeitpunkt an Orten verschiedener geografischer Breite geworfen werden, verschieden lang sind. Erastosthenes von Kyrene nutzte diese Erkenntnis der unterschiedlichen Schattenlängen dafür, unter Verwendung der bekannten Distanz zwischen den Orten Kyrene und Alexandria, mit hoher Genauigkeit den Erdumfang zu berechnen.

Aristarchos von Samos ist ein weiterer griechischer Astronom des 3. Jahrhunderts v. Chr., der große Bekanntheit damit erlangte, wie viel er aus der reinen Beobachtung von Sonne und Mond abzuleiten vermochte. Konkret versuchte er auf der Grundlage geometrischer Überlegungen die Distanzen und Größen von Sonne und Mond zu bestimmen. Für die Ableitung der relativen Distanzen von Sonne und Mond nutzte er die Feststellung, dass bei Halbmond Sonne und Erde vom Mond aus gesehen einen rechten Winkel bilden. Indem er zu diesem Zeitpunkt von der Erde aus auch den Winkel zwischen Mond und Sonne ausmaß, konnte er die relativen Seitenlängen des Dreiecks bestimmen – heute würde man das trigonometrisch mithilfe des inversen Cosinus bewerkstelligen. Das Problem ist allerdings, dass die Sonne so weit entfernt ist, dass Mond und Sonne ebenfalls fast im rechten Winkel erscheinen und die Messung daher überaus genau sein muss. Aristarchos maß einen Winkel von 87 Grad und schloss daraus, dass die Sonne 19-mal weiter von der Erde entfernt ist als der Mond und damit, aufgrund der gleichen scheinbaren Größe, auch 19-mal so groß wie der Mond. Tatsächlich beträgt der Faktor fast 400. Angesichts der Genialität der Methode und der Schwierigkeit der Messung mag man ihm diesen Fehler verzeihen.

Anhand der Beobachtung, wie viel Zeit der Mond bei einer Mondfinsternis dafür benötigt, in den Erdschatten zu treten, und wie viel Zeit er im Erdschatten verbringt, kam Aristarchos, wiederum geometrisch, außerdem zu den relativen Größenverhältnissen von Erde und Mond, die er angesichts der vorliegenden Schätzung des Erddurchmessers dafür nutzen konnte, auf absolute Distanzen und Größen zu schließen. Aristarchos gilt zudem als früher Verfechter des heliozentrischen Weltbildes und soll sogar die kontraintuitive These vertreten haben, dass die

Erde sich dreht. Allerdings setzten sich beide Vorstellungen bekanntlich erst sehr viel später dauerhaft durch, als Kopernikus, Kepler und Galilei die griechische Methode weiterführten, indem sie die vorliegenden Beobachtungsdaten mithilfe geometrisch motivierter Modelle des Kosmos deuteten.

Heute wissen wir, dass sich die Erde um die Sonne dreht, dass ihre Achse nicht senkrecht auf ihrer Bahnebene, der Ekliptik, steht, sondern dieser gegenüber um derzeit 23,44 Grad geneigt ist. Wir wissen, dass diese Neigung für die Jahreszeiten verantwortlich ist, weil die Sonne während eines halben Umlaufs der Erde oberhalb des Äquators steht – und somit eher von Norden auf die Erde scheint – und während der anderen Hälfte unterhalb und damit den Süden bevorzugt. Wir wissen, dass sich die Erdachse selbst langsam über 25 800 Jahre auf einem Kegelmantel dreht, ein Phänomen das man als Präzession bezeichnet. Das führt dazu, dass sich der Fixsternhimmel relativ zum Jahresverlauf langsam ändert – eine Tatsache, die unter anderem nach sich zieht, dass die astrologischen Sternbilder heute zu anderen Zeiten am Nachthimmel sichtbar sind als vor einigen Tausend Jahren. Wir wissen außerdem, dass die Erde sich nicht auf einer Kreisbahn, sondern einer Ellipse um die Sonne bewegt, und zwar langsamer in Sonnennähe und schneller, wenn sie weiter entfernt ist. Dadurch scheint sich die Sonne zu verschiedenen Jahreszeiten verschieden schnell am Himmel zu bewegen und erscheint zudem leicht unterschiedlich groß.[11]

Ihre zentrale Bedeutung für unser Leben macht die Sonne zum wichtigsten Himmelskörper. Kein anderer kommt ihr im Einfluss auf uns auch nur nahe. Diese Sonderstellung spiegelt sich zudem darin wider, dass ihr detaillierteres Studium besondere Herausforderungen mit sich bringt: Bereits mit dem bloßen Auge sollte man

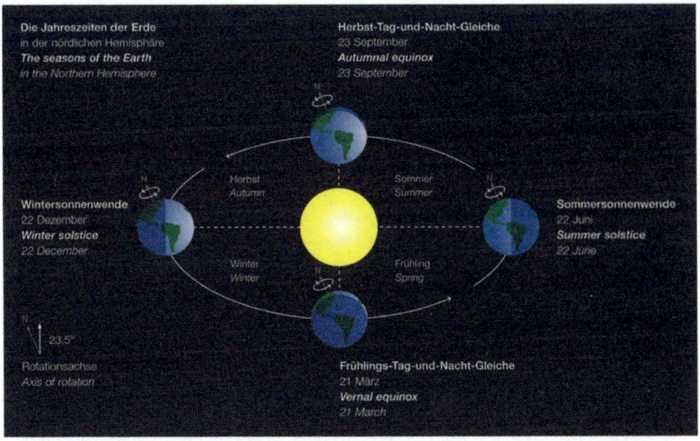

Abb. 1: Erdbahn um die Sonne mit verschiedenen Einfallswinkeln der Sonnenstrahlung

niemals direkt in die Sonne schauen, wenn man keine Schädigungen der Netzhaut riskieren möchte. Umso mehr gilt das für die Nutzung moderner Teleskope, die typischerweise darauf ausgerichtet sind, schwache Lichtquellen aufzulösen. Wer solch ein empfindliches Instrument ungeschützt auf die Sonne richtet, wird die implementierte Technik zerstören. Die solare Astrophysik besitzt daher heute ihre eigenen Detektoren und Observatorien; Weltraummissionen, die in ihre Nähe fliegen, müssen viel Aufwand in den Schutz der Messgeräte investieren. Gleichzeitig ist die Sonne für die Astrophysik ein einzigartiges Studienobjekt, denn als uns nächster Stern bietet sie die Gelegenheit, stellare Prozesse im Detail in unserer Nachbarschaft zu beobachten. Denn der nächste Stern, Proxima Centauri, ist 4,2 Lichtjahre entfernt, knapp 270 000-mal so weit wie unsere Sonne. Sie ist insofern zentrale Grundlage für unser Verständnis von Sternen überhaupt. Und obwohl die Erforschung der Sonne im Rahmen von Physik und Chemie bereits mehr als 200 Jahre andauert, birgt sie noch heute viele Rätsel und offene Fragen.

Die imperfekte Sonne

Für Aristoteles und seine anhaltend einflussreiche Lehre über den Aufbau des Kosmos war die perfekte und ebenmäßige Sphäre die natürliche Form der Himmelskörper und somit auch der Sonne. Im Gegensatz dazu beobachteten bereits seit 800 v. Chr. chinesische Astronomen mit bloßem Auge durch Rauch oder Nebel hindurch, dass die Sonne immer wieder dunkle Flecken aufweist. In China und Korea wurden diese Flecken seitdem regelmäßig kartiert.[12] Der englische Mönch Johannes von Worcester war der erste westliche Beobachter, der 1128 in seinen Chroniken dunkle Flecken vor der Sonne bemerkte. Als dann Anfang des 17. Jahrhunderts das Teleskop erfunden wurde, rückten die Sonnenflecken erneut ins Zentrum der Aufmerksamkeit. Thomas Harriot fertigte von ihnen am 8. Dezember 1610 die ersten Zeichnungen an, bevor in den folgenden Jahren auch David und Johannes Fabricius, Christoph Scheiner und Galileo Galilei dieses Phänomen sahen. Die Deutung der Beobachtungen war allerdings zunächst umstritten. Die meisten Beobachter rechneten die Verdunkelungen Planeten zu, die vor der Sonne vorbeiziehen. Galilei war einer der wenigen, der fest davon überzeugt war, dass die dunklen Stellen sich auf der Oberfläche der Sonne befinden müssen. Er sollte Recht behalten.

Die Erweiterung der menschlichen Sinne mithilfe von Teleskopen enthüllte noch weitere Oberflächenphänomene auf der Sonne: An den Rändern erscheint sie dunkler als im Zentrum, besonders hell ist sie in der Nähe von Grup-

Abb. 2: Christoph Scheiner, Beobachtung der Sonnenflecken, 1625

pen von Sonnenflecken, und auch die Sonnenflecken selbst unterscheiden sich in ihrer Helligkeit. Ihr Inneres, die Umbra, ist deutlich dunkler als der Außenbereich, die Penumbra. Auch dass die gesamte Sonne rotiert und ihre Achse etwas geneigt ist, belegten bereits die ersten Teleskopbeobachtungen.

Beobachtungen der Sonne während verschiedener Verdunkelungen im 18. Jahrhundert bestätigten, was für ein überaus dynamischer Himmelskörper die Sonne ist.[13] 1706 bemerkte der britische Kapitän Henry Stanyan während einer Sonnenfinsternis von Bern aus einen roten Streifen, der für eine Dauer von sechs bis sieben Sekunden plötzlich vom Rand der Sonne ausging – eine Sonneneruption, wie wir heute wissen. Es war die erste konkrete Beobachtung der Sonnenatmosphäre, dem Bereich zwischen der »Oberfläche« der Sonne, von dem der größte Teil der uns erreichenden Strahlung ausgeht, und der Korona. Letztere wird ebenfalls nur bei Sonnenfinsternissen als heller Strahlenkranz sichtbar und war schon sehr viel früher, unter anderem im antiken Griechenland von Plutarch, beschrieben worden. Die Existenz der »roten Flammen« wurde nur neun Jahre später, 1715, von dem Astronomen Edmond Halley bei einer weiteren Finsternis bestätigt – auch wenn zu diesem Zeitpunkt wiederum umstritten war, ob dies Phänomene waren, die der Sonne zuzurechnen waren, oder ob sie nicht eher vom Mond ausgingen. Diese Frage wurde erst Ende des 19. Jahrhunderts geklärt, als erste Bilder der solaren Chromosphäre vorlagen.

Während sich also die Anzeichen verdichteten, dass die Sonne alles andere als eine homogene und perfekte Sphäre war, brachte das 19. Jahrhundert noch in anderer Hinsicht eine Vereinheitlichung des menschlichen Blicks auf Erde und Sonne. 1814 bemerkte der Physiker Joseph Fraunhofer, dass das Spektrum der Sonne, das entsteht, wenn man Sonnenlicht durch ein Prisma fallen lässt, viele Hundert dunkle Linien aufweist.[14] Nachdem deren Ursprung zunächst unklar war, fanden 1860 die Heidelberger Physiker Gustav Kirchhoff und Robert Bunsen eine Erklärung. Sie sahen, dass die Linien bei genau den Wellenlängen auftauchen, bei denen zuvor Emissionslinien verschiedener mit dem Gasbrenner erhitzter Substanzen im Labor beobachtet worden waren. Anders gesagt: Spektrallinien sind gewissermaßen Fingerabdrücke chemischer Substanzen. Wenn man gewisse Substanzen erhitzt, entsteht Licht einer bestimmten Farbe. Wenn man aber Licht durch Gas aus bestimmten Atomen hindurchscheinen lässt, wird Licht der jeweiligen Wellenlängen von den Atomen aus dem Spektrum absorbiert. Genau das ist der Fall, wenn Licht, das im Zentrum der Sonne erzeugt wird, ihre Atmosphäre durchquert. Das heißt aber gleichzeitig: Die Physik, die in irdischen Laboren gültig ist, gilt genauso für die Sonne. Streng genommen war diese Erkenntnis der Beginn der Astrophysik. Seitdem scheint klar: All die Beobachtungen und Naturgesetze, die wir von der Erde kennen, können auch anderswo im Kosmos angewendet werden. Spektroskopie ermöglicht es seither, nicht nur die chemische Zusammensetzung kosmischer Quellen zu bestimmen. Anhand der Verschiebung von Spektrallinien kann man auch ihre Geschwindigkeit messen – denn wie bei der Sirene eines Krankenwagens erscheinen die Linien etwas kurzwelliger, wenn die Quelle sich nähert, und etwas langwelliger, wenn sie sich entfernt.

Im 19. Jahrhundert begann außerdem die systematische Aufzeichnung von Sonnenflecken. Heinrich Schwabe zählte von seinem Dachboden in Dessau aus die dunklen Stellen auf der Sonnenoberfläche gewissenhaft von 1825 an – und fand, dass ihre Anzahl periodisch zu- und abnahm, wobei zwischen den Phasen ihrer größten Häufung etwa ein Jahrzehnt lag. Genau genommen sind es etwas mehr als 11 Jahre, wie deutlich wurde, als Daten ab 1755 einbezogen wurden. Und schließlich zeigte sich sogar ein Zusammenhang zwischen den Flecken und den solaren Ausbrüchen: Der Astronom Richard Carrington baute in seinem Observatorium in Redhill, Surrey, ein Projektionsinstrument, um die Sonnenflecken noch genauer zu dokumentieren. Am 1. September 1859, als am Maximum der Sonnenaktivität eine außergewöhnlich große Gruppe von Sonnenflecken sichtbar war, beobachtete er eine massive Sonneneruption »hell wie ein Blitz«.[15] Die Aktivität der Sonne hatte bereits seit dem 28. August auf der Erde eindrucksvolle Polarlichter erzeugt. Am 2. September waren diese bis nach Hawaii, Kuba oder Rom herunter und von Süden bis nach Santiago de Chile hinauf sichtbar. An vielen Stellen funktionierten die Telegrafen-Netzwerke nicht mehr. Der Ausbruch am 1. September wird noch heute als Carrington-Ereignis bezeichnet. Es war der heftigste bislang dokumentierte Sonnensturm. Er bewies: Solare Aktivität hat einen deutlichen Einfluss auf unsere Erde, das bestätigten auch immer bessere geomagnetische Observatorien wie das Kew-Observatorium in London,[16] und ist etwas, das uns heute in unserer durchtechnologisierten Welt mehr denn je beunruhigt.

Richard Carrington gelang es auch, aufzuklären, warum die Werte der Rotationsperiode der Sonne historisch eine so breite Streuung aufwiesen: Die Sonne rotiert differentiell und am Äquator schneller als an den Polen, 25 Tage einerseits, 28 Tage andererseits. Im Durchschnitt macht sie einen Umlauf in 27,28 Tagen. Die Sonnenflecken folgen dieser Rotation. Am Beginn eines Sonnenzyklus erscheinen sie in größter Polnähe. Im weiteren Verlauf tauchen sie immer näher am Äquator auf, gleichzeitig nimmt ihre Zahl zu. Wenn man die Lage der Flecken in einem Diagramm notiert, in dem ihre heliografische Breite über der Zeit aufgetragen ist, bekommt man ein Muster, das aussieht wie eine Abfolge von Schmetterlingen. Ein solches Diagramm wird entsprechend als Schmetterlingsdiagramm bezeichnet.

Mit zunehmender Teleskopauflösung wurden außerdem immer mehr Details auf der Sonnenoberfläche sichtbar, etwa deren Granulation, also eine Körnigkeit aus unzähligen kleinen, gegeneinander abgegrenzten Zellen; streifige Gebiete in und um die Penumbragebiete der Sonnenflecken wurden beobachtet und sogenannte Sonnenfackeln – hellere Gebiete in der Nähe von Sonnenflecken.

Die Frage nach dem Ursprung all dieser Phänomene machte die Sonne immer mehr zu einem Objekt großen astrophysikalischen Interesses.[17] Doch zunächst stellte sich ein noch viel größeres Rätsel: Woher bekommt die Sonne ihre Energie?

Die endliche Sonne

Praktisch alles Licht, das wir von der Sonne empfangen, erreicht uns von ihrer Oberfläche aus, der Photosphäre. Es ist eine rund 400 Kilometer dicke Schicht, in der das Gas rund 5500 Grad Celsius heiß ist. Seinen eigentlichen Ursprung hat all dieses Licht tief im Inneren der Sonne. In ihrem Kern fusioniert sie Wasserstoff zu Helium – rund 600 Millionen Tonnen pro Sekunde, was 3,8 mal 1023 Kilowatt (kW) Energieleistung erzeugt (380 000 000 000 000 000 000 000 kW). Davon erreicht allerdings nur ein kleiner Bruchteil die Erde: 4,4 mal 1013 kW (44 000 000 000 000 kW),[18] bei gutem Wetter rund 1000 Watt (W) pro Quadratmeter. Zum Vergleich: Das derzeit mächtigste, seit dem Reaktorunglück von Fukushima jedoch vorübergehend stillgelegte Atomkraftwerk Kashiwazaki-Kariwa in Japan kann 8 000 000 kW Leistung produzieren, man bräuchte also 5,5 Millionen solcher Kraftwerke, um die Energie der von der Sonne auf der Erde ankommenden Strahlung zu erzeugen.

Die Frage, wie die Sonne diese ungeheure Menge an Energie generiert, stellte sich ab den 1840er Jahren, als sich eine thermodynamische Perspektive auf die Welt durchsetzte.[19] Denn gemäß dem ersten Hauptsatz der Thermodynamik, dem Energieerhaltungssatz, musste die Sonne für die anhaltende Produktion von Licht und Wärme so wie jede andere Wärmemaschine über irgendeine Form von Energiequelle verfügen, die auch irgendwann verbraucht sein könnte. Der zweite Hauptsatz der Thermodynamik besagte zudem, dass mit der Zeit im Sonnensystem die Entropie immer weiter wachsen wird. Und auch das bedeutete: Die Sonne wird nicht ewig scheinen können, denn sie steuert unvermeidlich auf den Wärmetod zu. Um die Endlichkeit der Sonne einschätzen zu können – und damit sowohl ihr gegenwärtiges Alter als auch die ihr noch verbleibende Zeit –, bekam die Frage nach ihrer Energiequelle eine durchaus emotionale Relevanz auch in der breiteren Öffentlichkeit. Dass die bis dahin als ewig angenommene Sonne zusammen mit uns Menschen auf den Tod zusteuert, war eine schwer zu akzeptierende Folge der neuen Physik.

Zunächst spekulierte man, dass auf die Sonne stürzende Meteore Energie bringen könnten, denn erste Rechnungen hatten schnell ergeben, dass chemische Prozesse, wie etwa das Verbrennen von Kohle, bei Weitem nicht ausreichen würden, um die nötige Energie zu erzeugen – die Sonne existierte fraglos schon länger, als jeder Brennprozess hätte aufrechterhalten werden können. Die mit der Sonne kollidierenden Meteore würden im Fall ihre Gravitationsenergie an die Sonne abgeben und wären damit eine Energiequelle, die das Ende der Sonne zumindest hinauszögern könnte. Die damit verbundene Massenzunahme der Sonne – der Physiker Julius Robert Mayer berechnete, dass pro Minute rund 100 Milliarden Tonnen Materie auf die Sonne fallen müssten –[20] widersprach aber den Beobachtungen.

Ab 1860 setzte sich langsam eine andere Überlegung durch. Die Helmholtz-Thomson-Theorie beschrieb, dass die Sonne ursprünglich aus einem diffusen Nebel entstanden ist. Unter ihrer eigenen Gravitation zieht sie sich seitdem langsam zusammen, wobei Gravitationsenergie in Wärme und schließlich Strahlung umgewandelt wird. Wie das vonstatten ging, konnte man ausrechnen. Hermann von Helmholtz präsentierte eine solche Rechnung 1871 und erhielt auf diese Weise für das aktuelle Alter unseres Sterns einen Wert von etwa 20 Millionen Jahren, weitere 17 Millionen Jahre könne sie mit ihrer derzeitigen Intensität noch weiterleuchten. Der britische Physiker Joseph John Thomson kam einige Jahre später mit einer etwas verfeinerten Rechnung ebenfalls auf ein Alter von höchstens 20 Millionen Jahren, aber auf eine verbleibende Lebensdauer von lediglich 5 bis 6 Millionen Jahren.

Diese Werte standen aber im Widerspruch zu geologischen Schätzungen des Alters unserer Erde, die bei einigen 100 Millionen Jahren lagen. Dass die Erde keinesfalls älter als die Sonne sein konnte, verstand sich von selbst. Und auch im Rahmen der neuen Darwin'schen Evolutionstheorie waren lange Zeiträume mit lebensfreundlichen Bedingungen notwendig, die deutlich über die physikalische Schätzung des Sonnenalters hinausgingen. Entsprechend unzufrieden war Charles Darwin selbst mit den Theorien der Astronomen: »Thomsons Ansichten bezüglich des gegenwärtigen Alters der Welt zählen seit einiger Zeit zu meinen schmerzhaftesten Sorgen«, schrieb er 1869 in einem Brief an seinen Kollegen Alfred Wallace.[21] Die Debatte um das Alter der Erde wurde zwischen Physikern und Geologen in der zweiten Hälfte des 19. Jahrhunderts äußerst emotional geführt, auch wenn die Helmholtz-Thomson-Theorie innerhalb der Astronomie als Standardtheorie der solaren Energieerzeugung galt.

Zunächst hatte es ohnehin noch Hoffnung gegeben, dass sich die Widersprüche zwischen der Kontraktionstheorie und den geologischen Schätzungen mit der Zeit auflösen würden. Denn es gab bei der Berechnung der

Zeitskala zunächst viele Unsicherheiten. Weder wusste man, aus welchem Material die Sonne bestand (auf der Grundlage der spektroskopischen Entdeckung von Bunsen und Kirchhoff: wahrscheinlich erdähnlich), noch welchen Aggregatzustand ihre Materie besitzt (bis zum Ende des 19. Jahrhunderts vermutete man: flüssig); und auch der innere Aufbau der Sonne war unbekannt. Doch je genauer die Rechnungen wurden, desto jünger schien die Sonne unter der Annahme, dass sie ihre Energie durch eine langsame Kontraktion erzeugt. Zudem blieben Versuche erfolglos, das errechnete Schrumpfen der Sonne – Berechnungen Thomsons zufolge immerhin 35 Meter pro Jahr – zu beobachten.

Als 1898 Marie und Pierre Curie die Radioaktivität entdeckten und wenig später feststellten, dass diese Elemente enorme Mengen Wärme freisetzten, bot sich eine neue Erklärung für die solare Energie an: Wenn es viele radioaktive Elemente in der Erdkruste gab, dann doch sicher auch in der Sonne. Diese Annahme wurde durch die Entdeckung des Elements Helium in der Sonne im Jahr 1895 gestützt, denn das wird auch beim Zerfall von Radium und anderen strahlenden Substanzen freigesetzt. Allerdings konnten in der Sonne keine Spektrallinien der radioaktiven Substanzen selbst gefunden werden und auch ansonsten fehlte der Theorie der radioaktiven Sonne empirische Unterfütterung.

In den ersten Jahrzehnten des neuen Jahrhunderts entwickelte sich schließlich die Kernphysik immer weiter und es wurde deutlich: Während schwere Elemente Energie beim Zerfall freisetzen, ist es bei den leichten Elementen andersherum.[22] Hier wird Energie durch Kernfusion erzeugt, und genau das ist der Prozess, der in den Sternen maßgeblich ist. Der britische Astronom Arthur S. Eddington präsentierte die Idee 1920 und konnte in Laborexperimenten Bestätigung für seine These finden.[23] Denn dort ergab sich mithilfe neu entwickelter Massenspektrometer, dass die Masse eines Heliumkerns 0,7 Prozent geringer war als die Summe der Masse von vier Protonen. Wenn der Rest gemäß der Einstein'schen Äquivalenz von Energie und Masse, E=mc2, als Energie freigesetzt würde und die Sonne zunächst vor allem aus Wasserstoff bestünde, hätte sie Energie im Überfluss zur Verfügung – so Eddingtons Fazit. Dass sie über so viel Wasserstoff verfügte, war allerdings alles andere als klar. Und so hielt Eddington zunächst die Zerstrahlung von Elektronen und Positronen für den vielversprechenderen Prozess der Energieerzeugung.

Dass die Sonne tatsächlich zum größten Teil aus Wasserstoff besteht, ist eine Erkenntnis, die auf die wohl brillanteste Astrophysikerin des vergangenen Jahrhunderts zurückgeht. Cecilia Payne-Gaposchkin hatte im Cavendish-Labor von Ernest Rutherford Anfang der 1920er Jahre die neuen Theorien des Mikrokosmos kennengelernt. Von ihrem Mentor Arthur S. Eddington wurde sie 1923 nach Harvard geschickt – als Frau hätte sie in Großbritannien keine wissenschaftliche Zukunft gehabt –, um dort Sternenspektren zu analysieren. Ihre Arbeiten, in denen sie das Auftreten und die Stärke von Spektrallinien mit mikrophysikalischen Rechnungen kombinierte, ergaben ein Resultat, das eine zu dieser Zeit unumstößliche und insbesondere von ihrem Mentor Eddington vertretene Grundannahme infrage stellte: Die Wasserstoffhäufigkeit, die aus ihren Berechnungen folgte, lag millionenfach höher, als auf der Grundlage der irdischen Chemie erwartet. Die Vorstellung, dass die Sonne einfach aus stark aufgeheizter Erdmaterie besteht, war also falsch. Gleichzeitig zeigten ihre Berechnungen, dass die Chemie der Sonne derjenigen anderer Sterne stark ähnelt und Unterschiede in den Sternspektren allein auf unterschiedliche Oberflächentemperaturen zurückzuführen waren.

Als Payne ihre Doktorarbeit mit diesem Ergebnis 1925 einreichte,[24] bestand ihr Gutachter Henry Norris Russell auf dem Zusatz, dass die erstaunlichen Wasserstoffwerte »nahezu sicher nicht real« seien.[25] Die astrophysikalische Community nahm dieses Ergebnis entsprechend erst zur Kenntnis, als Russell vier Jahre später selbst zu diesem Ergebnis kam. Doch es waren die Arbeiten von Cecilia Payne, die die Grundlage für eine chemische Analyse der Sonne und anderer Sterne legten.

1939 lieferte Hans Albrecht Bethe schließlich eine noch genauere Beschreibung des Fusionsprozesses in Sternen wie unserer Sonne,[26] für die er 1967 den Nobelpreis erhielt. Demnach gibt es zwei grundlegende Reaktionen des Wasserstoffbrennens: die Proton-Proton-Reaktion, die bei leichteren Sternen wie unserer Sonne für den allergrößten Teil der Energieproduktion verantwortlich ist, und den CNO-Zyklus, der höhere Temperaturen erfordert und bei massereicheren Sternen relevant ist.

Bei der Proton-Proton-Reaktion fusionieren zunächst zwei Wasserstoffkerne (Protonen) zu Deuterium, zusätzlich entstehen ein Positron und ein Neutrino sowie 0,42 Megaelektronenvolt (MeV) Energie. Diese Reaktion läuft sehr langsam ab: Ein einzelner Wasserstoffkern muss im Durchschnitt 10 Milliarden Jahre warten, bis er zu Deuterium fusioniert wird. Diese geringe Wahrscheinlichkeit wird erstens zu einem gewissen Grad durch die ungeheuer große Zahl vorhandener Wasserstoffkerne kompensiert, zweitens hat die Langsamkeit der Reaktion den positiven Nebeneffekt, dass das Wasserstoffbrennen unserer Sonne ein sehr lang andauernder, stabiler Prozess ist. Das entstandene Deuterium fusioniert wiederum mit einem weiteren Wasserstoffkern und wird zum leichten

Isotop Helium-3 mit einem Energiegewinn von 5,5 MeV. Für den zweiten Schritt der Proton-Proton-Reaktion hin zu Helium-4 gibt es nun verschiedene Wege. In den meisten Fällen fusionieren aber zwei Helium-3-Kerne zu Helium-4 und zwei Wasserstoffkernen, wobei noch einmal 12,9 MeV Energie freigesetzt werden.

Heute wissen wir: Die Sonne ist ein Stern mittleren Alters, etwa 4,6 Milliarden Jahre alt, der noch weitere rund 5 Milliarden Jahre lang seine Energie aus Wasserstofffusion beziehen können wird. Die Langlebigkeit und Stabilität dieser sogenannten Hauptreihen-Phase im Leben der Sonne hat die Entstehung von Leben möglich gemacht.

Der Aufbau der Sonne

Die Erkenntnisse aus der Zusammenführung von Mikro- und Makrophysik zu Beginn des vergangenen Jahrhunderts brachten einen Paradigmenwechsel in der Sicht auf die Sonne und andere Sterne. Cecilia Payne beschrieb ihn in einem 1926 auch als Artikel veröffentlichten Radiovortrag folgendermaßen: »Ist es möglich, dass Sterne sich entwickeln? Dass sie geboren werden, ihren Verlauf nehmen und sterben? Hunderte von Jahren haben die Menschen den Himmel beobachtet, und für ihre grobe Vorstellungskraft erscheint der Anblick des Himmels so unveränderlich, dass wir manchmal von den ›ewigen Sternen‹ sprechen. Aber dieser Eindruck ist Folge menschlicher Endlichkeit.«[27] Dass die Sonne jeden Morgen von Neuem aufgeht, ist eine Grunderfahrung des Menschen. Selbstverständlich ist sie nicht.

Die Tatsache, dass man die sehr langsamen Veränderungen von Sternen nicht direkt beobachten kann, erfordert den Einsatz mathematischer Modelle. Mit deren Hilfe leitet man die Lebenswege von Sternen verschiedener Masse ab und kann daraufhin die beobachteten Sternpopulationen mit den Modellen vergleichen. Wer aber die Entwicklung eines konkreten Sterns verstehen will, muss als Erstes seinen gegenwärtigen physikalischen Zustand beschreiben. Als Grundlage dafür dient eine Reihe physikalischer und chemischer Gleichungen.[28]

Die erste dieser Gleichungen macht deutlich, warum ein Stern überhaupt stabil existieren kann. Dass ein Stern, obwohl er aus Gas besteht, zusammenhält und nicht auseinanderdiffundiert wie eine Rauchwolke, liegt an seiner Gravitation – dass er gleichzeitig aber auch nicht kollabiert, daran, dass der Gravitation Druck entgegenwirkt. Die Stabilität eines Sterns entsteht dadurch, dass sich beide Kräfte genau kompensieren. Der Druck ist einerseits thermischer Druck, der sich daraus ergibt, dass die Gravitation das Gas zusammenpresst und dadurch aufheizt. Andererseits wird Druck durch die entstehende Energie erzeugt, die vom Ort ihrer Entstehung im Zentrum nach außen transportiert wird: durch Strahlungstransport, Wärmeleitung oder Konvektion.

Durch welchen der drei Mechanismen der Transport vonstatten geht, hängt grundsätzlich davon ab, wie viel Energie transportiert werden muss. Wärmeleitung ist meist zu ineffizient, um im Inneren von Sternen wie der Sonne einen wichtigen Beitrag zu leisten. Strahlungstransport funktioniert da schon besser, er wird aber dadurch behindert, dass das Licht fortwährend von Materie gestreut wird. Ein einzelnes Photon kommt dabei kaum einige Zentimeter weit, ohne aufgehalten zu werden. Das heißt: Sterne sind hochgradig undurchsichtig.

Wenn sich die Temperatur im Inneren des Sterns auf dem Weg nach außen so schnell ändert, dass aufsteigendes

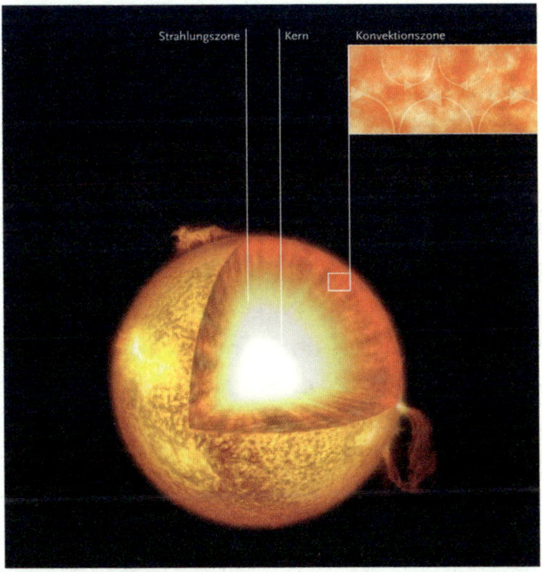

Abb. 3: Aufbau der Sonne

Gas seine Energie nicht mehr schnell genug durch Strahlung abgeben kann, wird Konvektion relevant, das heißt Transport von Wärme durch den Transport von Materie, so wie wir das von sprudelndem, kochendem Wasser kennen: Materiezellen steigen nach oben, kühlen dort ab und sinken wieder herab. Im Sterninneren kann es zu Übergängen zwischen Strahlungszonen und Konvektionszonen kommen. So auch in der Sonne: Während nahe ihres Kerns die Energie mittels Strahlung nach außen transportiert wird, übernimmt im äußeren Bereich die Konvektion.

Ein Teil der Fusionsenergie wird außerdem von Neutrinos wegtransportiert, die beim Fusionsprozess entstehen: Aus vier Protonen werden dabei ein Heliumkern, zwei Elektronen und zwei Neutrinos erzeugt. Die Neutrinos interagieren fast gar nicht mit anderer Materie und können das Sternzentrum daher, anders als die Strahlung, ungehindert verlassen (damit sind sie die einzigen Informationsträger, die uns direkt aus dem Inneren der Sonne erreichen).[29] Auf der Erde gelang es allerdings erst 1968, solare Neutrinos zu detektieren.[30] Der amerikanische Physiker Raymond Davis Jr. erhielt dafür 2002 den Nobelpreis für Physik.

Schließlich spielt auch die chemische Zusammensetzung des Sterns eine zentrale Rolle. Denn sie bestimmt nicht nur, welche Fusionsreaktionen möglich sind, sie entscheidet auch darüber, wie die erzeugte Strahlung mit der Materie des Sterns wechselwirkt, welche Wellenlängen sie absorbiert und selbst aussendet. Wer einen Stern verstehen will, muss daher auch über seine chemische Zusammensetzung an jedem Ort in seinem Inneren Bescheid wissen, genau wie über den Zustand der Materie, etwa ihren Ionisierungsgrad, also darüber, wie viele Elektronen sich von ihren Atomkernen gelöst haben.

Wenn man all diese Prozesse physikalisch beschreibt, ein paar Annahmen einfließen lässt, und all das mit den Informationen über den derzeitigen Zustand der Sonne kombiniert, kann man daraus ein Modell des Aufbaus der Sonne berechnen: Im Zentrum sind Druck, Temperatur und Dichte am höchsten, dort ist es 15 Millionen Grad heiß, der Druck ist mehr als hundert Milliarden Mal so hoch wie in der Erdatmosphäre und die Dichte entspricht 150 Gramm pro Kubikzentimeter, etwa die zehnfache Dichte von Gold. Diese extremen Bedingungen sind nötig, damit Wasserstofffusion anhand der Proton-Proton-Reaktion effizient ablaufen kann, erfüllt sind sie in einem Bereich mit einem Radius von etwa 170 000 Kilometern, etwa 25 Prozent des Gesamtradius der Sonne. In jeder Sekunde werden hier 600 Millionen Tonnen Wasserstoff in Helium umgewandelt. Die Sonne ist in ihrem Prozess des

Wasserstoffbrennens schon ein gutes Stück vorangekommen: Im Zentrum ihres Kerns besteht die Masse bereits zu rund 65 Prozent aus Helium, während der Helium-Massenanteil in der Sonne insgesamt – so wie auch im restlichen Universum – nur etwa 25 Prozent beträgt.

An den Kern schließt eine Strahlungszone an, wo der Energietransport vor allem durch fortwährend an Materie gestreute Photonen geschieht. Der Streuungsprozess macht die Photonen so langsam, dass sie rund 170 000 Jahre benötigen, um die Strahlungszone zu passieren. Ab etwa 70 Prozent des Radius übernimmt dann Konvektion den Energietransport: Die Sonne kocht in diesem Bereich und verhält sich ähnlich wie eine Flüssigkeit. An der Grenze zwischen beiden Zonen kommt es zu besonderen mechanischen Spannungen, denn während das Innere wie ein starrer Körper rotiert, dreht sich die konvektive Zone an den Polen deutlich langsamer als am Äquator. Diese Grenzschicht könnte eine wichtige Rolle für die Entstehung des Magnetfelds der Sonne spielen. Die Oberfläche der äußeren Konvektionsschicht kann man sogar sehen. Sie ist für die Granulation verantwortlich, also die körnige Struktur gegeneinander abgegrenzter Zellen, die jeweils einige Minuten lang existieren und viele Hundert Kilometer groß sind. Man sieht die Materieklumpen, die an die Oberfläche steigen, dort abkühlen und wieder in die Tiefe sinken.

Die Oberfläche der Sonne ist die Photosphäre. Dieser unterste Bereich der Sonnenatmosphäre ist einige Hundert Kilometer dick; von dort stammt das Licht, das wir empfangen, und zum größten Teil auch die dunklen, 1814 von Fraunhofer entdeckten Absorptionslinien. Die Temperatur des Gases dort liegt bei 5500 Grad Celsius. Die ausgesandte Strahlung erstreckt sich kontinuierlich über das gesamte Spektrum, wobei der größte Teil in Form von sichtbaren und nahinfraroten Wellenlängen ausgesendet wird. Die einfachsten Sternmodelle liefern den Aufbau der Sonne bis zu ihrer Oberfläche. Hier kann man als Randbedingungen die beobachteten Werte für den Oberflächendruck und die Oberflächentemperatur einsetzen und so das passende Modell für den inneren Aufbau ermitteln. Die Berechnung der Schichten oberhalb der Photosphäre ist deutlich komplizierter, allein deshalb, weil hier lokale, durch das Magnetfeld der Sonne gesteuerte Phänomene nicht mehr zu vernachlässigen sind. Physikalisch ist hier vieles noch nicht vollständig verstanden.

Beobachtungen zeigen, dass sich an die Photosphäre die Chromosphäre mit einer Ausdehnung von rund 2000 Kilometern anschließt. Normalerweise ist dieser Bereich aufgrund seiner geringen Dichte im Vergleich zur viel helleren Photosphäre nicht sichtbar, bei einer Sonnenfinsternis tritt er aber als roter Rand (oder auch rote Strahlen) hervor – rot deshalb, weil die Strahlung größtenteils Linienemission von Wasserstoff ist. Dessen H-alpha-Linie liegt im roten Bereich des sichtbaren Spektrums.

In der äußeren Chromosphäre steigt die Temperatur des Gases nach außen hin wieder an – und ganz massiv schließlich in der sich anschließenden Übergangszone zum äußersten Bereich der Sonnenatmosphäre, der Korona. Diese besteht aus extrem heißem Plasma, also Gas, in dem alle Atome ihre Elektronen verloren haben, und ist ebenfalls nur bei Sonnenfinsternissen als Strahlenkranz der Sonne sichtbar. Das Plasma reicht Millionen von Kilometern ins All hinaus und speist den Sonnenwind: Während sich der innere Teil der Korona noch mit der Sonne dreht, strömt ab etwa dem 2,5-fachen Radius der Sonne Plasma nach außen. Dieser Sonnenwind ist auch der Grund dafür, dass Kometenschweife stets von der Sonne weggerichtet sind. Er reicht so weit, bis das interstellare

Medium ihn in bis zu 140-facher Erddistanz zur Sonne abbremst und dort die Heliopause, die äußere Grenze des vom Sonnenwind beeinflussten Raumes bildet – etwa dreimal so weit entfernt wie Pluto auf seiner sonnenfernsten Position.

Die besondere Ausrichtung der Kometenschweife war übrigens auch Anlass für die erste theoretische Beschreibung des Sonnenwindes. Anfang der 1950er Jahre hatte der Göttinger Physiker Ludwig Biermann die von der Sonne wegweisenden Schweife so erklärt, dass von der Sonne kontinuierlich eine »Korpuskularstrahlung« aus Ionen und freien Elektronen mit Geschwindigkeiten von 1000 Kilometern pro Sekunde in den interplanetaren Raum ausgestoßen würden.[31] Der US-amerikanische Astronom Eugene Parker untersuchte daraufhin die dynamischen Konsequenzen dieser Hypothese und entwickelte so ein erstes Modell des Sonnenwindes – das zunächst mit einiger Skepsis aufgenommen wurde. Die Idee, dass von der Sonne Materie ausgestoßen wird, die sich laut Parker ähnlich verhält wie strömendes Wasser, traf zunächst auf verbreiteten Unglauben. Es dauerte aber nicht lange, bis erste Satellitenmessungen des Sonnenwindes dessen Existenz bestätigten.

Warum die Korona so heiß ist – die Plasmatemperatur übersteigt eine Million Grad Kelvin –, ist nach wie vor eine offene Forschungsfrage. Klar ist aber: Ihr Verhalten wird vom Magnetfeld der Sonne bestimmt. Das Magnetfeld muss man auch berücksichtigen, wenn man die vielen verschiedenen Atmosphärenphänomene der unruhigen Sonne verstehen will.

Die unruhige Sonne

Die einfachen Modelle zum Aufbau der Sonne können die verschiedenen, in Zwiebelmanier aufeinanderfolgenden Bereiche bis zur Oberfläche gut beschreiben. Das Verständnis wird aber umso lückenhafter, je weiter man nach außen kommt. Das liegt nicht zuletzt am komplexen Verhalten der aktiven Sonne mit ihren lokalen, kurzzeitig auftretenden Phänomenen, die teilweise schon seit Jahrtausenden bekannt sind: In der Photosphäre lassen sich neben der erwähnten Granulation zum einen die dunklen Sonnenflecken beobachten, deren Größe dem mehrfachen Erdumfang entsprechen kann, und zum anderen Sonnenfackeln, auch Faculae (lat. »kleine Fackeln«) oder Plages (frz. »Strände«) genannt, wobei Letztere hellere und heißere Gebiete in der Nähe von Sonnenflecken bezeichnen.

Auch in der sich anschließenden Chromosphäre, die man bei Sonnenfinsternissen oder mit H-alpha-Filtern beobachten kann, sind Sonnenflecken und Sonnenfackeln sowie große netzwerkartige Strukturen zu sehen. Eine weitere Chromosphären-Erscheinung sind die roten Spikulen (lat. »Spieße«): rund 5000 Kilometer lange, flammenartige Plasmaauswürfe mit Geschwindigkeiten zwischen 15 und 40 Kilometern pro Sekunde, die wenige Minuten lang aus der Photosphäre aufsteigen.[32] Sie wurden das erste Mal 1877 von dem italienischen Astronomen Angelo Secchi beschrieben. Noch heftiger sind die Protuberanzen (am Rand der Sonne) und die Filamente (Protuberanzen, die vor der Sonnenscheibe als dunkle Strukturen sichtbar sind): Material, das in starken Entladungen bogenförmig weit hinaus in die Chromosphäre oder sogar darüber hinaus beschleunigt wird und als gigantische Strukturen oft tage- oder sogar monatelang beobachtbar ist.[33] Sie entsprechen wohl dem, was 1706 von Kapitän Stanyan beobach-

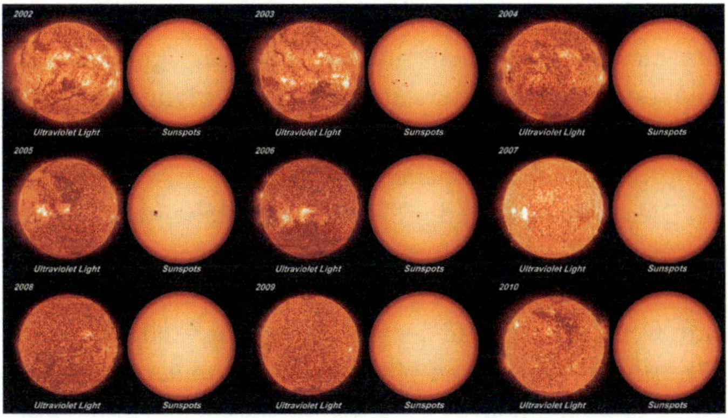

Abb. 4: Galerie: Verschiedene Phänomene von Sonnenaktivität, aufgenommen von dem Satelliten NASA Solar and Heliospheric Observatory (SOHO)

tet wurde. Wenn sich solche Bögen von der Oberfläche ablösen, kommt es zu Sonneneruptionen: starke Explosionen, bei denen es zu einem Ausbruch hochenergetischer UV- und Röntgenstrahlung kommt und Materie ins All geschleudert wird, die daraufhin mit dem Sonnenwind und dem interplanetaren Magnetfeld wechselwirkt. Das Carrington-Ereignis 1859 war die größte bislang beobachtete Sonneneruption.

In der Korona, die man im Röntgenlicht sehen kann, gibt es ebenfalls zahlreiche vorübergehend auftretende Phänomene, deren Existenz Sekunden bis Monate andauern kann: Es gibt Bögen, riesige Strukturen aus weniger dichtem Gas, kältere Plasmawolken, fast emissionsfreie »koronale Löcher« und typischerweise mit Sonneneruptionen verbundene koronale Massenauswürfe, bei denen Milliarden Tonnen elektrisch geladener Teilchen aus der Korona ausgestoßen werden können, die das interplanetare Magnetfeld massiv verformen. Bei maximaler Sonnenaktivität kann es mehrmals pro Tag zu solchen Massenauswürfen kommen. Von der Korona geht auch der Sonnenwind aus, der Elektronen und Atomkerne durch das gesamte Sonnensystem transportiert und der in einer langsamen und einer schnellen Variante existiert. Koronale Löcher sind der Ursprungsort der schnelleren Winde.[34]

Diese Aktivitäten der Sonne zu verstehen und im besten Fall als »Weltraumwetter« vorherzusagen, ist heute eine der Hauptaufgaben der solaren Astrophysik – nicht nur, weil das aufgrund der komplexen zugrunde liegenden Wirkungen des solaren Magnetfelds besonders schwierig ist und damit ein besonders spannendes Thema mit vielen offenen Fragen. Sondern der Hauptgrund ist, dass Sonnenstürme aus hochenergetischen geladenen Teilchen großen Schaden anrichten können, wenn sie auf unsere anfällige Technologie im Erdorbit (vor allem verschiedenste Satelliten, etwa zur Kommunikation und Navigation) und empfindliche Infrastruktur auf der Erdoberfläche treffen, wie 1859 das Carrington-Ereignis demonstrierte.

Normalerweise wird die Erde durch ihr Magnetfeld und ihre Atmosphäre vor dem Sonnenwind geschützt. Nur in Polnähe können seine geladenen Teilchen in die Atmosphäre vordringen und dort die Moleküle zum Leuchten anregen – das Resultat sind Polarlichter. Wenn aber Sonneneruptionen und koronale Massenauswürfe die Intensität energiereicher Strahlung und Teilchen stark erhöhen, kann es passieren, dass der Schutz nicht mehr ausreicht und Satelliten und irdische Technologien gestört werden. Das Magnetfeld der Erde wird durch die Eruptionen massiv deformiert, man spricht von einem geomagnetischen Sturm. Polarlichter können dann auch in gemäßigten Breiten auftreten, geomagnetisch induzierte Ströme können wichtige Infrastruktur wie Stromnetze, Transformatoren oder Pipelines zerstören und Satelliten aufgrund von Dichteänderungen in der oberen Erdatmosphäre in ihren

Bahnen gestört werden. Ungarische Wissenschaftler fassten das 2023 auf der Vierten internationalen Konferenz zum Schutz der zentraleuropäischen kritischen Infrastruktur prägnant zusammen: »Die menschliche Zivilisation wäre monatelang ins 19. Jahrhundert zurückgeworfen«.[35] Die Folgen seien vergleichbar mit einer globalen thermonuklearen Bombardierung. Das Bundesministerium für Wirtschaft und Klimaschutz listet Sonnenstürme 2023 als ein Szenario für eine mögliche Stromversorgungskrise,[36] und Betreiber anfälliger Technologien entwickeln Prozeduren, die die Auswirkungen von Sonneneruptionen abschwächen sollen. Dennoch bleibt die Vorbereitung bislang noch unzureichend. Trotz der potenziell dramatischen Folgen ist ein »zweites Carrington-Ereignis« schließlich ein Szenario mit geringer Wahrscheinlichkeit.

Klar ist: Im Ernstfall braucht man präzise Vorhersagen, um Schutzmaßnahmen rechtzeitig in Gang setzen zu können. Die Sonnenatmosphäre und insbesondere die Korona wird daher von verschiedenen Satelliten, wie dem NASA Solar and Heliospheric Observatory (SOHO) oder der NASA-Sonde STEREO-A gemeinsam mit zahlreichen weiteren, genauestens überwacht. Die ESA plant derzeit mit »Vigil« eine große neue Mission. Sie soll rund um die Uhr die Aktivität der Sonne noch besser im Blick haben, indem Ereignisse am seitlichen Rand der Sonne entdeckt werden, bevor sie in Richtung Erde rotieren. Der Start ist für 2031 geplant.[37]

Die europäische Weltraumorganisation ESA besitzt ein eigenes »Space Safety Program« (S2P) zur Abschwächung und Prävention von Schäden durch das Weltraumwetter. Für Vorbereitungen auf der Grundlage konkreter Beobachtungen bliebe im Ernstfall trotzdem nicht viel Zeit: Strahlung braucht von der Sonne zur Erde 8 Minuten und 20 Sekunden, koronale Masseauswürfe knapp einen bis sechs Tage. Relativistische Teilchen wie Elektronen, die fast Lichtgeschwindigkeit erreichen können, treffen innerhalb von 15 Minuten auf der Erde ein. Und das Problem, solare Ausbrüche besser zu verstehen und bestenfalls vorherzusagen, wird umso dringlicher, wenn bald die Gesundheit oder gar das Leben von Astronauten im tieferen Sonnensystem jenseits des schützenden Erdmagnetfelds auf dem Spiel steht. Eine etwas längerfristige Vorhersage ist möglich, wenn, wie bei der Vigil-Mission, Beobachtungen von der Seite der Sonne genutzt werden. Zudem gibt es Versuche, die Weltraumwettervorhersage mithilfe von Künstlicher Intelligenz zu verbessern.[38]

Wünschenswert wäre darüber hinaus ein so gutes theoretisches Verständnis der solaren Aktivität, dass längerfristige Vorhersagen möglich werden. Dafür muss man zunächst das Magnetfeld der Sonne verstehen, das der entscheidende Motor ist. Keine leichte Aufgabe, denn Magnetfelder sind theoretisch kompliziert und zudem schwer zu beobachten. Ein paar Messdaten hat man aber: Oberhalb der Oberfläche kann man die Richtung des Felds aus der Bewegung geladener Materie ableiten, denn die folgt bei geringer Dichte den Magnetfeldlinien. Auch auf der Oberfläche kann man die Feldrichtung messen. Dort funktioniert das anhand von Spektrallinien, die in bestimmter Weise durch das Magnetfeld beeinflusst werden – ein Effekt, der Zeeman-Aufspaltung genannt wird und auch die Stärke des Felds liefern kann. Außerdem kann man das Magnetfeld in der Nähe der Sonne mit Sonden messen.

Zusätzlich gibt es die zeitlich variierenden Muster der beobachtbaren Sonnenflecken: Ihre Anzahl nimmt in 11-Jahres-Zyklen zunächst zu und dann wieder ab. Am Anfang eines Zyklus erscheinen sie nördlich und südlich des Äquators in Streifen, die bei Längengraden von plus und minus 30 Grad liegen. Gegen Ende des Zyklus haben

Abb. 5: Solares Magnetfeld

sich die Entstehungsbereiche dem Äquator auf plus und minus 5 Grad mittlerer Länge genähert. Zudem erscheinen die Flecken in ost-westlich ausgerichteten Paaren, wobei ihre Polarität (die Richtung der Feldlinien) auf der nördlichen und der südlichen Hemisphäre entgegengesetzt ist und sich von Zyklus zu Zyklus umdreht. Alle diese Informationen kombiniert man mit numerischen Modellen, um auf das Feld im Inneren der Sonne zu schließen. Nach wie vor sind dabei viele Fragen offen.

Ein grobes Bild kann man sich aber mittlerweile vom solaren Magnetfeld machen. Wie bei der Erde ist es auch bei der Sonne global ein Dipolfeld, ähnlich wie das eines Stabmagneten mit einem Süd- und einem Nordpol, dessen Magnetfeldlinien die Sonnenoberfläche an den Polen durchstoßen. Erzeugt wird es vermutlich durch einen Dynamomechanismus an der Grenze zwischen Strahlungs- und Konvektionszone, wo aufgrund der unterschiedlichen Rotationsbewegung beider Bereiche mechanische Spannungen auftreten.

Das Gas der Sonne und ihr Magnetfeld stehen in einer komplexen Wechselwirkung. In Bereichen hoher Dichte werden die Feldlinien vom Plasma mitgezogen. Da das Gas der Sonne am Äquator um 30 Prozent schneller rotiert als an den Polen, werden die Magnetfeldlinien im Inneren der Sonne mit der Zeit immer stärker aufgewickelt und erzeugen ein ringförmiges Feld in Ost-West-Richtung, Toroidalfeld genannt, das unter wachsender magnetischer Spannung steht. Wenn Schleifen dieses Magnetfelds aus dem Inneren an die Oberfläche gebracht werden, bilden sich da, wo sie die Oberfläche durchbrechen, Aktivitätsregionen und bipolar Sonnenflecken in Ost-West-Orientierung. Innerhalb der Flecken ist die magnetische Feldstärke besonders hoch und behindert den Energietransport der Sonne aus dem Inneren zur Oberfläche. Die Flecken sind daher weniger heiß und erscheinen dunkler als ihre Umgebung. Sie existieren Stunden bis Monate und können Ausgangspunkt für Protuberanzen und Eruptionen sein.

Mit jeder Eruption kann das Magnetfeld Energie abgeben, Spannung abbauen und sich wieder ordnen. Aus diesem Auf- und Abbau von Spannungen ergibt sich der beobachtete 11-Jahres-Zyklus der Sonne: Im Aktivitätsminimum zu Beginn eines Zyklus ist das Feld schwach und an den Polen konzentriert, im Maximum hat es eine komplizierte toroidale Struktur, die unter starker Spannung steht. Diese Spannung wird durch Rekonnexion abgebaut: Magnetfeldlinien schließen sich gewissermaßen kurz, bis wieder ein Minimum erreicht ist. Von einem Zyklus zum nächsten ändert das Sonnenmagnetfeld seine Polarität: Nord- und Südpol tauschen die Position. Der gesamte Zyklus, bis das Sonnenfeld wieder seine Ausgangskonfiguration erreicht hat, dauert demnach 22 Jahre. Viele Details sind nach wie vor Gegenstand der Forschung.

Die Sonne und der Klimawandel

Der Zyklus der magnetischen Aktivität der Sonne hat auch Einfluss auf die Strahlung der Sonne. Der Unterschied in Bezug auf das gesamte, bei allen Wellenlängen auf der Erde einfallende Spektrum macht zwischen Minimum und Maximum nur 0,1 Prozent aus (etwa 1,1 Watt pro Quadratmeter).[39] Eine erhöhte Strahlungsintensität bei optischen Wellenlängen kann aber die Oberfläche der Ozeane und Landflächen aufheizen und auf diesem Weg das Klima beeinflussen.

Sehr viel stärker als im optischen Bereich schwankt die Intensität der aus den oberen Schichten der Sonnenatmosphäre stammenden UV-Strahlung, bei einer aktiven Sonne ist sie besonders hoch. Auch das hat direkten Einfluss auf das Erdklima, denn die UV-Strahlung setzt in der oberen Atmosphäre photochemische Reaktionen in Gang. Unter anderem wird dabei Ozon produziert, das selbst wiederum UV-Strahlung absorbiert und damit die Stratosphäre aufheizt. Verschiedene Prozesse könnten diese Wärme aus den obersten Atmosphärenschichten dann in tiefer gelegene transportieren. Unter anderem scheint die solare Aktivität den Jetstream zu beeinflussen. Diese regionalen Effekte sind nach wie vor nicht gut verstanden und Gegenstand aktueller Forschung, während die globalen Folgen der Aktivität der Sonne besser abschätzbar sind.

Zudem ändert sich während des Sonnenzyklus das solare Magnetfeld: In ruhigen solaren Phasen trifft auf der Erde etwa 15 Prozent mehr galaktische kosmische Strahlung ein – vor allem Protonen und Heliumkerne. Dieser Effekt lässt sich in der Erdgeschichte weit zurückverfolgen, denn die hochenergetischen kosmischen Teilchen reagieren mit den Kernen atmosphärischer Atome und erzeugen so bestimmte Isotope wie Beryllium-10 oder Kohlenstoff-14, also Atome, in deren Kernen zusätzliche Neutronen existieren. Diese Isotope werden in Eisschichten oder Baumringen konserviert und erlauben eine Rückverfolgung der Sonnenaktivität über Jahrtausende hinweg. Die kosmische Strahlung könnte auch einen direkten Einfluss auf das Erdklima haben, konkret auf die Bildung von Wolken. Doch auch das ist nach wie vor umstritten, obwohl es einerseits möglich wäre, dass die Teilchen das Wachstum von Kondensationskeimen fördern, die nötig sind, damit sich aus mit Wasserdampf übersättigter Luft kleinste Tröpfchen bilden können: Kosmische Strahlung erzeugt in der Atmosphäre positive Ionen und freie Elektronen, die dort mit Molekülen zu größeren Ionen-Clustern reagieren. Diese Ionen fördern wiederum die Entstehung und das Wachstum von Aerosolen – an denen Wasserdampf kondensieren kann.[40] Andererseits könnten die Teilchen der kosmischen Strahlung die Wolkenbildung durch die Veränderung der Ladungsströme in der Erdatmosphäre beeinflussen. Die Details sind kompliziert, aber grundsätzlich geht es auch hier darum, dass die elektrische Ladung von Aerosolen davon abhängt, wie viele Ionen es in der Atmosphäre gibt – was wiederum von der kosmischen Strahlung bestimmt wird. Geladene Aerosole sammeln sich an Wolkengrenzen und erzeugen elektrische Felder, die dann das Verhalten der Wassertröpfchen und Eispartikel in den Wolken beeinflussen.

Die Sonne verantwortet also klimatische Änderungen auf der Erde, und auf jeden Fall im Zyklus von 11 Jahren. Ob sich hinsichtlich der Sonnenaktivität aber längerfristige Trends über den 11-Jahres-Zyklus hinaus zeigen, ist nicht so einfach zu ermitteln, insbesondere weil langfristige und verlässliche Messungen der auf die Erde einfallenden Sonnenstrahlung fehlen. Von der Erdoberfläche aus sind Messungen sehr ungenau, erst seit den späten 1970er Jahren werden auch Satelliten genutzt. Hinsichtlich der absoluten Werte gibt es aber zwischen verschiedenen Messinstrumenten im Orbit Unstimmigkeiten.

Man kann versuchen, die Sonnenintensität anhand von Proxydaten noch weiter in die Vergangenheit hinein zu extrapolieren, indem man etwa versucht, aus der Anzahl dokumentierter Sonnenflecken auf die Sonnenstrahlung zu schließen. Das ist aber mit großen Unsicherheiten verbunden. Insbesondere tritt das Problem auf, dass es in der Aktivität der Sonne zwischen 1645 und 1715 eine seltsam ruhige solare Phase gab, das sogenannte Maunder-Minimum. Die zugrunde liegenden Mechanismen versteht man noch nicht wirklich, und verschiedene Annahmen darüber, und damit über den Zusammenhang zwischen den vorliegenden Daten und der abgeleiteten Intensität, führen zu unterschiedlichen Extrapolationen.

In diesem Kontext hört man immer wieder die These, dass die »Kleine Eiszeit« zwischen dem frühen 15. bis in das 19. Jahrhundert hinein – also teilweise gleichzeitig mit dem Maunder-Minimum – den Einfluss der Sonnenaktivität auf das Erdklima belege. Allerdings begann die Kleine Eiszeit bereits deutlich vor der Auszeit der Sonnenaktivität. Zudem gibt es noch so viele andere klimatisch relevante Einflüsse, wie etwa Vulkanausbrüche, sodass man Modelle nutzen muss, um die verschiedenen Faktoren und deren jeweilige Folgen für das Erdklima zu unterscheiden.

Solche Modelle legen nahe, dass die Sonnenaktivität vor 1960 zu einer Erwärmung um 0,07 Grad geführt hat, seitdem allerdings nicht mehr.

In keinem der verschiedenen gängigen Modelle gelingt es – und das ist ein bei allen Unsicherheiten robustes Ergebnis –, die Temperaturzunahme der vergangenen Jahrzehnte auch nur annähernd allein auf Sonnenaktivität zurückzuführen. Selbst wenn die Sonne ein neues Aktivitätsminimum wie das Maunder-Minimum annehmen würde, könnte das die aktuelle Erwärmung höchstens teilweise rückgängig machen. Fazit bleibt also: Für die derzeitige Erwärmung des Erdklimas können wir die Sonne nicht verantwortlich machen, der Grund dafür ist die starke Erhöhung der Konzentration von CO_2 in der Atmosphäre. Darin ist sich die Wissenschaft einig.

In der Erdgeschichte gibt es allerdings sehr wohl Phasen drastischen Klimawandels, der von der Sonne in Gang gesetzt wurde. Das lässt sich beispielsweise am Wachstum und Abschmelzen der großen Eisschilde rekonstruieren – Vorgänge, deren Spuren in glazialen Ablagerungen konserviert sind. Auch Ozeansedimente, Baumringe oder fossile Pollen tragen Informationen über das vergangene Klima. Die so rekonstruierte langfristige Chronologie der Kalt- und Warmzeitphasen wurde 1920 von dem jugoslawischen Wissenschaftler Milutin Milanković theoretisch mit Variationen der Erdbewegung um die Sonne erklärt[41], die Veränderungen des Abstands und der Orientierung beider Himmelskörper zueinander und damit der eintreffenden Sonnenstrahlung auf dem Globus bewirken.

Das betrifft erstens die Form der Erdbahn: Sie schwankt aufgrund des Einflusses der großen Gasplaneten zwischen kreisförmig und elliptisch in einem Zyklus von etwa 96 000 Jahren. Je elliptischer die Bahn, desto langsamer bewegt sich die Erde dort, wo sie am weitesten von der Sonne entfernt ist. Wenn zu diesem Zeitpunkt also beispielsweise Sommer auf der Nordhalbkugel herrscht, dauert der länger, als wenn sich die Erde auf einem Kreis um die Sonne bewegte. Die Erdbahn ist allerdings tatsächlich nie sehr weit von einer Kreisform entfernt, die anhand des geometrischen Parameters der Exzentrizität mit dem Wert 0 beschrieben wird. Momentan liegt die Exzentrizität bei 0,0167, Tendenz fallend. Der Maximalwert liegt bei 0,058, das in etwa 25 000 Jahren zu erreichende Minimum bei 0,0034. Aktuell heißt das: Der Sommer ist auf der Nordhalbkugel 4,5 Tage länger als der Winter. Dafür ist die Erde im Juli 3,4 Prozent weiter von der Sonne entfernt als im Januar. Der Norden empfängt daher im Sommer rund 7 Prozent weniger Sonnenstrahlung als der Süden in seinem Sommer.

Der zweite relevante Faktor ist die für die Jahreszeiten verantwortliche Neigung der Erdachse. Sie variiert in einem Zyklus von 41 000 Jahren zwischen Winkeln von 22,1 und 24,5 Grad. Je stärker die Neigung, desto ausgeprägter die jahreszeitlichen Schwankungen. Momentan liegt die Neigung bei 23,4 Grad, also ziemlich genau in der Mitte des möglichen Intervalls. Die Tendenz ist fallend, in 10 000 Jahren wird die Erde also sehr milde Winter und kühle Sommer erleben.

Und drittens dreht sich die Erdachse unter dem Einfluss von Sonne und Mond wie ein torkelnder Kreisel auf einem Kegel mit einer Periode von etwa 26 000 Jahren, was als Präzession bezeichnet wird. Dieser Mechanismus verstärkt oder schwächt die jahreszeitlichen Kontraste auf den beiden Hemisphären. Momentan befindet sich die Erde auf ihrer sonnennächsten Position, wenn auf der Südhalbkugel Sommer herrscht, in etwa 13 000 Jahren wird es umgekehrt sein.[42]

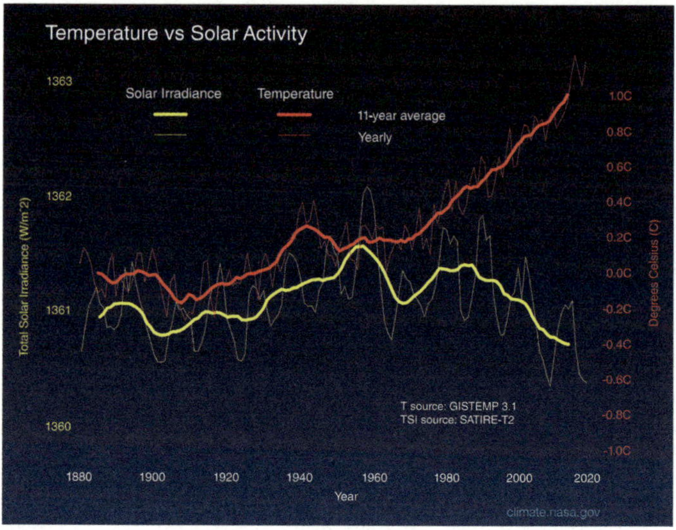

Abb. 6: Temperatur versus Sonnenaktivität

Die Kombination dieser drei Effekte erklärt die beobachteten Variationen im Wachsen und Schrumpfen der großen Eisschilde und das Auftreten von Eiszeiten in periodisch wiederkehrenden Abständen von einigen Zehntausend bis einigen Hunderttausend Jahren. Die einfallende Sonnenstrahlung in mittleren Breiten kann sich im Rahmen der entsprechenden Milanković-Zyklen um 25 Prozent ändern. Momentan wären wir den Milanković-Zyklen zufolge aber seit etwa 6000 Jahren in einer abkühlenden Phase. Doch auch hier gibt es noch einige offene Fragen – wie so oft passen Theorie und Messdaten nicht vollständig zueinander und weitere Verfeinerungen der Modelle sind nötig.

Moderne Missionen

Alle großen Weltraumorganisationen haben die Heliophysik als wichtiges Forschungsthema in ihren Programmen – und das schon seit vielen Jahrzehnten. Die russische Sonde Luna 1 und die Nasa-Sonde Mariner 2 maßen in den Jahren 1959 und 1962 erstmalig die Teilchen des Sonnenwindes. Die nahe der Erdbahn um die Sonne kreisenden Pioneer-Sonden 6 bis 9 lieferten ab Mitte der Sechzigerjahre umfassende Informationen über das solare Weltraumwetter. Die 1974 und 1976 gestarteten und in der Bundesrepublik gebauten Helios-Raumsonden drangen als Erste ins Innere der Merkurbahn vor und erkundeten dort den sonnennahen interplanetaren Raum.

Bis dahin hatte man sich der Sonne nur aus der Ekliptik genähert, also aus der Ebene, in der sich die Planeten bewegen. Dies änderte sich mit der 1990 gestarteten europäisch-amerikanischen Ulysses-Sonde. Sie sollte die physikalischen Bedingungen oberhalb der Pole der Sonne erforschen. Dafür musste sie mittels eines Swing-By-Manövers im Gravitationsfeld des Jupiter dazu gebracht werden, einen stark geneigten und elliptischen Orbit um die Sonne einzunehmen. Die Mission brachte insbesondere neue Erkenntnisse über den solaren Aktivitätszyklus und die Unterschiede zwischen dessen Minima und Maxima, indem Ulysses oberhalb der Sonnenpole das Magnetfeld und die Eigenschaften des Plasmas vermaß.

Die 1995 von der amerikanischen Weltraumorganisation NASA und der europäischen ESA gestartete und immer noch betriebene SOHO-Sonde blieb dagegen am relativ erdnahen Lagrange-Punkt L1.[43] Hier führte die Sonde zum einen vor Ort Messungen des Sonnenwindes durch und beobachtete zum anderen die Sonne von Weitem, allerdings ohne bildgebende Instrumente an Bord zu haben. Die waren aus Kostengründen im Vorfeld gestrichen worden. Die Sonde leistete Pionierarbeit im Bereich der weltraumbasierten Helioseismologie – der Analyse der Eigenschwingungen der Sonne. Mit diesem Verfahren kann die Sonde Informationen über das Innere der Sonne erlangen, während sie gleichzeitig mit klassischen Beobachtungen die Vorgänge in der äußeren Atmosphäre verfolgt.

Die Zahl aktiver Weltraummissionen zum Studium der Sonne sowohl aus dem Erdorbit als auch von außerhalb des Erdorbits ist nach wie vor groß. An der Sonne führt vor allem auch aufgrund der praktischen Relevanz des Weltraumwetters kaum ein Weg vorbei. In ihrer »Cosmic Vision«, dem Forschungsplan für den Zeitraum zwischen 2015 und 2025, hebt die ESA die fundamentale Rolle der Sonne hervor: ihre Relevanz für die Existenz von Leben wie auch ihr Potenzial, Leben durch gewaltige Aktivität auszulöschen. Um beides untersuchen und die Sonne als Laboratorium für das Verständnis anderer Sterne nutzen zu können, betont die ESA insbesondere die Wichtigkeit der Erforschung des Magnetfelds und der Interaktion des Sonnenwindes mit den Planeten. Das erfordert die Rekonstruktion des globalen Felds auch an den Polen der Sonne, die mit früheren Missionen nicht beobachtet werden konnten, genauso wie eine weitere Verbesserung der Beobachtungen des Magnetfelds in der Korona mittels verfeinerter Methoden.

Auch im zweiten Zehnjahresbericht zur Strategie für Sonnen- und Weltraumphysik mit Schwerpunkt Heliophysik des amerikanischen National Research Council, der als Empfehlung an die NASA und andere Forschungsinstitutionen der Sonnenforschung zwischen 2013 und 2022 zugrunde liegt[44], stand das Verständnis der Aktivität der Sonne und ihrer Wechselwirkung mit der irdischen

Magnetosphäre, Ionosphäre und der Erdatmosphäre im Vordergrund. Für die Öffentlichkeit hat die NASA vom 14. Oktober 2023 bis zum 4. Dezember 2024 »The Heliophysics Big Year«, das große Jahr der Sonnenphysik ausgerufen.

Die beiden wichtigsten aktuellen Sonnenmissionen von NASA und ESA sind die Parker Solar Probe (PSP) und der Solar Orbiter, die als komplementäre Missionen insbesondere zum besseren Verständnis der Vorgänge in der Sonnenkorona beitragen sollen. Die Parker Solar Probe, vor 2017 Solar Probe Plus genannt und dann zu Ehren des Pioniers der Sonnenwindforschung Eugene N. Parker umbenannt, wurde am 12. August 2018 gestartet. Sieben Vorbeiflüge an der Venus brachten die Umlaufbahn der Sonde immer näher an die Sonne. Die sonnennächsten Punkte liegen dabei weit innerhalb der Merkurbahn.

Im April 2021, bei ihrer achten Annäherung an die Sonne, flog die PSP erstmalig direkt durch die Korona, 13 Millionen Kilometer von der Sonnenoberfläche entfernt.[45] Im Laufe der Mission mit insgesamt 24 geplanten Orbits wird sie sich noch weiter bis auf 6,2 Millionen Kilometer der Oberfläche nähern, mehr als siebenmal näher als jede Sonde zuvor.[46] Die Bedingungen dort sind extrem, es herrschen Temperaturen von bis zu 1400 Grad Celsius in einem intensiven Strahlungsfeld, das 475-mal so stark ist wie das im Erdorbit. Die Messinstrumente der Sonde sind durch einen 11,43 Zentimeter dicken Kohlenstoffschild geschützt. Vier Instrumente sind an Bord: eines, um elektrische und magnetische Felder und die Plasmadichte zu messen; eines um beschleunigte geladene Teilchen zu detektieren; ein Experiment, das Bilder der Korona liefert; und eines, das die Teilchen des Sonnenwindes zählt und vermisst. Damit soll die PSP den Energiefluss verfolgen, der die Sonnenkorona und den Sonnenwind beschleunigt und aufheizt. Sie soll die Struktur und Dynamik des Magnetfelds und des Plasmas der Korona bestimmen. Und sie soll herausfinden, wie Teilchen beschleunigt und transportiert werden. Die PSP kann übrigens noch mit einem weiteren Rekord aufwarten: Bei ihrer nächsten Annäherung an die Sonne wird sie im extremen Gravitationsfeld der Sonne auf eine Geschwindigkeit von 690 000 km/h beschleunigt werden und damit zum bislang schnellsten von Menschen gebauten Objekt werden.

Bereits in den ersten Jahren der Mission gab es eine ganze Reihe von Entdeckungen. Beispielsweise wies die PSP eine große Zahl plötzlicher Auslenkungen, Faltungen oder Wirbel des Magnetfelds im Sonnenwind nach, sogenannte Switchbacks, die zu plötzlichen Spitzen im Geschwindigkeitsprofil des Sonnenwindes führen und bereits von den deutschen Helios-Sonden gemessen worden waren.[47] Außerdem legte die PSP nahe, dass es mehr Gemeinsamkeiten zwischen dem schnellen und dem langsamen Sonnenwind gibt als gedacht. Sie beschrieb elektromagnetische Wellen und entsprechende Bewegungsmuster geladener Teilchen in der inneren Heliosphäre und konnte die Verteilung von Energie durch Turbulenzen nachzeichnen. Und obwohl sich die Sonne zu Beginn der Mission im Aktivitätsminimum befand, konnte die PSP einige koronale Masseauswürfe und solare Teilchenereignisse beobachten.

Der Solar Orbiter, der von der ESA gebaut und von der NASA am 10. Februar 2020 von Cape Canaveral aus gestartet wurde, vervollständigt die Daten der PSP aus etwas weiterer Distanz. Das erlaubt der Sonde, mehr und vor allem deutlich bessere abbildende Instrumente – in größter Nähe zur Sonne sollen Strukturen einer Größe von bis zu 100 Kilometer optisch aufgelöst werden können – an Bord zu führen, ohne dass die Instrumente aufgrund der extremen Bedingungen Schaden nehmen.[48] Die sechs auf die Sonne gerichteten Instrumente werden durch vier weitere ergänzt, die die Bedingungen am Ort der Sonde in der inneren Heliosphäre messen. Die Daten sollen eine möglichst vollständige Beschreibung des Plasmas ermöglichen, das den Sonnenwind ausmacht: dessen Ursprung, Transportprozesse und chemische Zusammensetzung. Die übergeordneten Fragen der Mission sind die Wirkung der Sonne auf die Heliosphäre und der Ursprung der Variation solarer Aktivität.

Auch der Solar Orbiter erreicht seine angestrebte Umlaufbahn um die Sonne insbesondere durch wiederkehrende Vorbeiflüge an der Venus. Der sonnennächste Punkt wird bei rund 42 Millionen Kilometern liegen, fast ein Viertel der Distanz zwischen Sonne und Erde. Die eigentliche Besonderheit der Mission liegt aber darin, dass die Sonde sich im Laufe der Zeit immer stärker aus der Ekliptik, der Bahnebene der Planeten um die Sonne heraus bewegen wird. In den späten 2020er Jahren wird die Bahn schließlich um 33 Grad gekippt sein, sodass erstmalig Aufnahmen von den Polen der Sonne möglich werden. Von diesen Beobachtungen erhofft man sich ein deutlich besseres Verständnis der Funktionsweise des solaren Dynamos, der den Aktivitätszyklus der Sonne bestimmt.

Der Solar Orbiter hat bereits Aufnahmen der Sonnenoberfläche und -atmosphäre geliefert, die bislang nie gesehene Details offenbaren. So entdeckte er kleine hell aufleuchtende Regionen in der Korona, die von den Wissenschaftlern »Lagerfeuer« getauft wurden und helfen könnten, zu erklären, wie die extremen Temperaturen in der Sonnenkorona zustande kommen.[49] Die kleinen, zwischen 400 und 4000 Kilometern messenden Strahlungsausbrüche dauern allenfalls wenige Minuten an. Auch die von der PSP und anderen Sonden beobachteten Switchbacks konnten mithilfe des Solar Orbiter erklärt werden:

Die Aufnahme einer S-förmigen Plasmaregion stützte die Theorie, dass Switchbacks durch die Wechselwirkung von Regionen mit offenen und geschlossenen Feldlinien entstehen.[50] Die Daten beider Missionen sind noch lange nicht vollständig aufgenommen oder ausgewertet. Sie werden das Verständnis der aktiven Sonne wohl noch deutlich voranbringen.

Das Leben der Sonne

Wie geht es weiter mit unserer Sonne, wenn man nicht in Jahrzehnten oder Jahrtausenden denkt, sondern in zeitlichen Maßstäben von Milliarden Jahren, die einem Sternenleben angemessen sind? Heute können wir diese Frage mithilfe der bereits beschriebenen stellaren Modelle auf der Grundlage unseres physikalischen und chemischen Wissens mit hoher Genauigkeit beantworten – umso mehr, als wir in unserer Galaxie Milliarden von Sternen beobachten und daraus bereits statistisch viel über die Entwicklung von Sternen ableiten können, zum Beispiel: Je mehr Sterne wir mit bestimmten charakteristischen Eigenschaften beobachten, desto langlebiger scheint ihr aktueller Entwicklungszustand zu sein. Bei sehr kurzen Episoden im Leben eines Sterns ist die Wahrscheinlichkeit dagegen nicht sehr hoch, dass wir Menschen zufällig zuschauen können. Dass die meisten Sterne relativ ruhig vor sich hin strahlen, weist demnach darauf hin, dass das Stadium des Wasserstoffbrennens, in dem auch unsere Sonne sich befindet, ein besonders stabiles und andauerndes ist – und das bestätigen auch die Modelle.

Sterne gibt es in vielen verschiedenen Varianten. Ihre Unterschiede waren bereits den Astronominnen am Harvard-Observatorium aufgefallen, die von Edward C. Pickering Ende des 19. Jahrhunderts als »Computer« dafür angestellt worden waren, Beobachtungen von Sternpositionen und -spektren auszuwerten. Annie Jump Cannon entwickelte auf der Grundlage der Spektren und ihrer hervorstechenden Absorptionslinien ein Schema zur Klassifikation von Sternen, deren Klassen sie mit Buchstaben bezeichnete und die noch heute in der Abfolge »O, B, A, F, G, K, M« (Merksatz: »Oh, Be A Fine Guy, Kiss Me«) genutzt werden. Ihre Kollegin Cecilia Payne-Gaposchkin, der wir schon bei der Frage nach der Energiequelle der Sonne begegnet sind, konnte daraufhin zeigen, dass die verschiedenen Spektren nicht darauf zurückzuführen sind, dass die Sterne je nach Klasse aus unterschiedlichen chemischen Elementen bestehen, wie man vorher vermutet hatte. Stattdessen unterscheidet sich ihre Strahlung nur aufgrund unterschiedlicher Temperaturen, wobei die O-Sterne mit Oberflächentemperaturen von mehr als 40 000 Kelvin die heißesten sind. Die Chemie hingegen ist immer dieselbe.

Heute weiß man, dass der entscheidende Parameter für die Unterscheidung von Sternen deren Masse ist. Je massereicher ein Stern, desto höhere Temperaturen werden in seinem Zentrum erreicht, desto schneller läuft seine Kernfusion ab und desto höhere Elemente werden dabei erzeugt – bis zum schwersten unter Freisetzung von Energie durch Kernfusion erzeugbaren Element, dem Eisen. Die gröbste Unterscheidung, die man in Bezug auf Sterne trifft, ist demnach die nach leichten und massereichen. Mit Letzteren sind insbesondere die O- und B-Sterne gemeint, die in der Lage sind, schwere Elemente zu erbrüten und nur einige Millionen Jahre alt werden: Massereiche Sterne leben turbulent und extrem, sterben aber früh.

Zu unserem großen Glück ist die Sonne ein gelber Zwergstern der Klasse G mit einer langen und wenig turbulenten Phase des Wasserstoffbrennens. Leichtere Sterne entstehen deutlich häufiger als massereiche. Sterne wie die Sonne sind insofern nicht selten, noch häufiger sind allerdings die roten Zwergsterne der Spektralklassen K und M, wie der unserer Sonne nächstgelegene Stern Proxima Centauri.

Alle Sterne entstehen durch den Kollaps staubiger Molekülwolken. Wenn etwa eine Druckwelle das Gleichgewicht zwischen innerem Druck der Wolke und ihrer Gravitation stört, kann die Materie lokal beginnen, sich immer weiter zu verdichten. Im Zentrum entsteht daraufhin ein protostellarer Kern, auf den immer weiter Materie einregnet und ihn aufheizt. Die protostellare Phase dauert bei Sternen wie unserer Sonne einige Hunderttausend Jahre. Währenddessen erlangt der Sternenembryo immer mehr Masse aus der scheibenförmig auf ihn einströmenden Gas- und Staubwolke, verdichtet sich immer weiter und wird immer heißer, so lange, bis das Reservoir einfallenden Gases erschöpft ist. Der Stern kontrahiert weiter, und wenn schließlich in seinem Inneren Kernfusion zündet, wird er zum Hauptreihenstern, der seine Strahlungsenergie aus dem Wasserstoffbrennen schöpft.

Die Sonne befindet sich seit 4,6 Milliarden Jahren in diesem Stadium des zentralen Wasserstoffbrennens. Da die fortschreitende Verbrennung von Wasserstoff zu Helium die Dichte im Zentrum erhöht und der Kern daraufhin kontrahiert, wird es im Zentrum immer heißer, was die Fusion effizienter macht. Dadurch, dass mehr Energie erzeugt wird, werden die äußeren Schichten der Sonne nach außen getrieben, sodass sie insgesamt größer wird. Ihre Leuchtkraft hat so im Laufe der Zeit bereits um mindestens 30 Prozent zugenommen und wird dies auch weiterhin tun. In knapp 5 Milliarden Jahren wird sie rund 70 Prozent heller leuchten als heute.[51] Für die Erde bedeutet das, dass in etwa einer Milliarde Jahren die Temperatur auf ihrer Oberfläche zu hoch sein wird, um die Existenz komplexer Lebensformen zu erlauben. Die Sonne wird derweil weiter Wasserstoff fusionieren, bis der abnehmende Wasserstoffgehalt im Zentrum dazu führt, dass dort immer weniger Energie produziert wird, der Strahlungsdruck abnimmt und der Kern daraufhin wiederum kontrahiert. Schließlich fusioniert Wasserstoff nur noch in einer Schale um einen Kern aus Helium herum – die Sonne ist aktuell auf halbem Weg zu diesem Stadium. Die veränderte Energieproduktion bläht wiederum die äußeren Schichten der Sonne auf und führt dazu, dass sich die Sonne im Alter von gut 10 Milliarden Jahren in einen gigantisch aufgeblähten Roten Riesen verwandeln wird, der bis weit über die Venusbahn hinaus reicht. Die Bezeichnung rührt daher, dass die äußeren Schichten des aufgeblähten Sterns trotz der insgesamt höheren Leuchtkraft der Sonne in diesem Stadium weniger heiß sind und sich ihr Spektrum daher ins längerwellige Rot verschiebt.

Während sich die äußeren Schichten der Sonne immer weiter ausdehnen, verdichtet sich weiterhin ihr Zentrum aus Helium. Etwa 1,2 Milliarden Jahre, nachdem das Wasserstoffbrennen im Kern erloschen ist, sind die Bedingungen dort schließlich so extrem, dass bei etwa 100 Millionen Grad Kelvin das Heliumbrennen gestartet wird, bei dem je drei Heliumkerne zu Kohlenstoff fusionieren. Dieser Brennprozess beschleunigt sich aufgrund der speziellen Quantennatur der Materie im Kern selbst – und führt zu einer riesigen Explosion, dem sogenannten Heliumblitz. Dessen Energie wird größtenteils dafür aufgebraucht, den zuvor extrem verdichteten Kern wieder in den weniger dichten Zustand normaler Materie zu bringen. Die Sonne kühlt infolgedessen massiv ab und schrumpft wieder, bis sie nur noch die etwa zehnfache Größe ihres heutigen Zustands erreicht haben wird.

Als Nächstes durchlebt sie eine Phase, in der auf zwei Weisen Energie erzeugt wird: Heliumbrennen im Zentrum und weiter außen Wasserstoffbrennen. Im Prinzip wiederholt sich dann der Prozess, den die Sonne bereits zuvor beim Wasserstoffbrennen durchlebt hat – nur sehr viel schneller. Allerdings besitzt die Sonne nicht genügend Masse, um durch eine Verdichtung des Kerns ein Kohlenstoffbrennen zu starten. Wenn sie zum zweiten Mal zu einem Riesenstern heranwächst, gibt es daher keinen Prozess, der die zunehmende Ausbreitung ihrer Hülle aufhalten kann. Zurück bleibt schließlich der abermals extrem verdichtete Kern – ein sogenannter Weißer Zwerg. Und zusätzlich das sich über das Sonnensystem hinaus ausbreitende Gas, das durch die Strahlung des Weißen Zwergs zum Leuchten angeregt wird. Die Sonne wird so als überaus hübscher planetarischer Nebel enden.

Die Sonne als Lebensspenderin

Für uns ist die Sonne einzigartige Quelle des Lebens. Aber ist sie das auch im Kosmos insgesamt? Seit 1995 ist zumindest bekannt, dass es auch anderswo in der Milchstraße Planeten gibt, die um sonnenähnliche Sterne kreisen – für diese Entdeckung ging 2019 der Nobelpreis für Physik an die Astronomen Michel Mayor und Didier Queloz.[52] Seitdem sind die Entdeckungen fremder Planeten durch leistungsstarke Beobachtungsprogramme immer häufiger geworden. Mittlerweile kennen wir mehr als 5500 solcher

Exoplaneten und können feststellen: So einzigartig scheint unser Sonnensystem in Hinsicht auf seine allgemeinen Eigenschaften nicht zu sein, auch wenn derzeit aus methodischen Gründen die meisten Gesteinsplaneten im Umlauf um masseärmere rote Zwergsterne gefunden werden. Trotzdem fehlt bislang noch jede Spur, die auf die Existenz fremden Lebens hindeuten würde, obwohl an vielen Stellen in der Milchstraße die mutmaßlichen Zutaten für die Entstehung von Leben existieren: Energie, Wasser, komplexe Kohlenstoffchemie, katalytische Oberflächen und hinreichend stabile Bedingungen. Es stellt sich daher die Frage: Haben wir bislang einfach nicht gründlich genug gesucht? Oder ist die Entstehung von Leben doch unwahrscheinlicher, als wir vielleicht erwarten würden?

Zunächst ist klar, dass nicht alle Sterne gleichermaßen für die Entstehung von Leben geeignet sind. Die Notwendigkeit stabiler Bedingungen über lange Zeiträume macht massereiche Sterne mit ihrem turbulenten Lebenswandel unbrauchbar. Die besten Heimatsterne könnten K-Sterne sein: etwas masseärmer und leuchtschwächer als die Sonne, dafür entsprechend langlebiger (etwa 2- bis 5-mal so lang auf der Hauptreihe wie die Sonne), aber vor allem häufiger (doppelt so häufig wie unsere Sonne).[53] Die langsamere Entwicklung dieser Orangen Zwerge bedeutet insbesondere, dass sich die Leuchtkraft während des Wasserstoffbrennens langsamer ändert als bei unserer Sonne. Noch leichtere Sterne wiederum, M-Sterne oder Rote Zwerge, bieten ebenfalls keine guten Bedingungen für die Entstehung von Leben, denn sie leuchten so schwach, dass wohltemperierte Planeten sich in engen Bahnen um ihren Heimatstern bewegen müssen, um die Existenz flüssigen Wassers zu erlauben. Diese Nähe heißt aber auch, dass der Planet sämtliche Aktivitäten des Sterns direkt abbekommt: Starke UV- und Röntgenstrahlung, Sonneneruptionen und koronale Masseauswürfe berauben jeden Planeten schnell seiner schützenden Atmosphäre.

Die Sonne wiederum scheint im Rahmen ihrer Klasse ein ungewöhnlich ruhiger Stern zu sein – zumindest derzeit. 2020 analysierten Astronomen vom Göttinger Max-Planck-Institut für Sonnensystemphysik die Leuchtkraft-Variationen von 369 sonnenähnlichen Sternen.[54] Die meisten waren deutlich aktiver als unsere Sonne. Ob das aber ein grundsätzlicher Unterschied ist oder ob die Sonne sich im Moment (also den vergangenen knapp 10 000 Jahren) nur in einer ruhigen Phase befindet, vermochten die Astronomen nicht zu sagen. Klar ist: Ein Planet braucht eine schützende Atmosphäre und ein Magnetfeld, um gegen gefährliche Sternstrahlung gewappnet zu sein. Insbesondere Ozon ist hier eine entscheidende Zutat, die einerseits von UV-Strahlung erzeugt wird und andererseits UV-Strahlung abhält. 2023 fanden Astronomen aus Göttingen, dass die Entstehung von Ozon vor allem von der Strahlung metallarmer Sterne gefördert wird – von Sternen also, deren Gas noch nicht viele Vorgänger-Sterngenerationen durchlaufen hat und insofern einen geringen Anteil schwerer Elemente aufweist. Die Sterne im Kosmos werden also gewissermaßen mit der Zeit immer lebensunfreundlicher. Was die aktuellen Berechnungen auch ergaben: Die Erdatmosphäre konnte in ihrer Geschichte mit Variationen der Sonneneinstrahlung umgehen.[55]

Das alles erweckt nicht den Eindruck, als müsste ein Stern, in dessen Umgebung Leben entstehen kann, genauso beschaffen sein wie unsere Sonne. Allerdings könnte das Zusammenspiel vieler anderer Zufälle entscheidend sein, die das Verhältnis von Sonne und Erde bestimmen: Der Erdmond etwa, der auf der Erde für Gezeiten sorgt. Die Neigung der Erdachse, die Jahreszeiten hervorruft und klimatisch günstige, nicht zu stark schwankende

Winkel einnimmt. Die fast kreisförmige Erdbahn. Das langlebige Magnetfeld der Erde. Ihre Plattentektonik. Vielleicht werden wir irgendwann herausfinden, dass Leben auch in fremden Sonnensystemen entstehen konnte. An unserem besonderen Verhältnis zu unserem Heimatstern würde eine solche Erkenntnis vermutlich trotzdem wenig ändern.

Kapitel 2

Sonnenaufgang: Was die Sonne bedeutet

»Von der Sonne, glaube ich,
wirst du die Bestimmung genügend finden,
dass sie das Leuchtendste ist von den am Himmel
um die Erde wandelnden Gestirnen.«

Platon, *Theaitetos*, 4. Jahrhundert v. Chr.

»Die ganze Welt in einem einzigen Sonnenstrahl vereinigt«

Giovanni del Biondo, *Vision des Heiligen Benedikt*, spätes 14. Jahrhundert

Astronomen und andere Wissenschaftler versuchen seit Jahrtausenden, die Sonne in allen ihren physikalischen und chemischen Aspekten zu ergründen. Wir gehen jetzt der Frage nach, wie die Existenz, Funktion und Dynamik des Sonnensystems von Menschen in verschiedenen Kulturen und zu verschiedenen Zeiten *gedeutet* wurden. Ein schönes Bespiel dafür hat der norwegische Maler Edvard Munch 1912/13 gegeben; er war damit beauftragt worden, die Aula der Universität Kristiania (heute Oslo) zu gestalten, und fertigte dafür elf monumentale Wandbilder an. An der dem Publikum gegenüberliegenden Wand befindet sich ein großes Bild der gleißend hellen Sonne, deren mosaikartig wirkende Strahlen in alle Richtungen zu explodieren scheinen und im Vordergrund einen See und eine norwegische Landschaft beleuchten.

Zum einen bringt das Gemälde die große Lebenskraft zum Ausdruck, von der Menschen und Planet zehren; zum anderen ist es ein Sinnbild der Aufklärung, als deren vornehmsten Ort Munch die Universität sah. Sie ist in den Gemälden rechts und links visualisiert, wo eine gütige Alma Mater ihre wissbegierigen Kinder nährt und ein alter Mann sein Wissen der Jugend weitergibt. Der vitalistische Mythos, den auch Darstellungen diverser Akte im Sonnenlicht unterstreichen, bildet keinen Gegensatz zur aufklärerischen Vernunft, die in Allegorien der aufstrebenden naturwissenschaftlichen Fächer Chemie, Physik und Botanik dargestellt ist. Die Sonne ist hier die Quelle allen Lebens und der Erforschung des Universums.

Abb. 7: Die Sonne in der Aula der Universität Oslo

Nicht in diesen Zyklus aufnehmen mochte die Universität den *Menschenberg*, ein Gemälde, mit dem Munch aus seinem monistischen, Natur und Geist vereinenden Weltbild heraus den Kreislauf des Lebens darstellen wollte – von der Sonne ausgehend und zu ihr hinstrebend.

Künstlerische und wissenschaftliche Abbildungen der Sonne sind der Bedeutung »unseres Sterns« angemessen Legion. Das gilt vor allem für die Malerei, die Sonne ist nun einmal die Quelle des Lichts, das Farben – von hell- bis dunkelrot, matt- bis grellgelb, lind- bis sattgrün, grau- bis ultramarinblau, magentafarben und sogar schwarz – erst leuchten lässt. Auch ikonografisch ist die Sonne ein Zentralgestirn. Archäologische Funde aus der Vor- und Frühgeschichte (genau wie allfällige Kinderzeichnungen von heute) bezeugen, wie der »Lauf der Sonne« von Aufgang bis Untergang im geozentrischen Weltbild wahrgenommen wurde. Solche Artefakte symbolisieren die existenzielle Abhängigkeit der Menschheit von Licht und Wärme der Sonne, deren Entstehung im Dunkel lag, deren »Bewegung« Rätsel aufgab und deren »Verschwinden« Nacht für

Nacht Angst und Panik auslösen konnte – und noch mehr die periodischen Verfinsterungen. Dieser Stern stand und steht immer unter besonderer Beobachtung.

Die Exponiertheit der Sonne bewirkte in den meisten Kulturen der Erde eine Mythenbildung, mehr noch: eine *Vergöttlichung*, in der Annahme, sie müsse in ihren gut- wie bösartigen Effekten von irgendetwas angetrieben, ihr Lauf durch übermenschliche und übernatürliche Kräfte gelenkt sein. Mit der Säkularisierung und Verwissenschaftlichung der Weltbilder stürzten nicht erst in der Moderne die Sonnengötter, und die religiöse Rahmung des Sonnensystems verblasste; »morgen früh«, da war man jetzt zunehmend sicher, würde man wieder von der Sonne geweckt, und zwar nicht nur, »wenn Gott will«, wie es in Johannes Brahms' Wiegenlied mit leisem Schauder heißt. Damit einhergegangen war außerdem von jeher eine *Politisierung* der Sonne, deren Stärke weltliche Machthaber auf sich zu ziehen trachteten, von den vormodernen Sonnenkönigen über den sprichwörtlichen *Roi soleil* Louis XIV im europäischen Barockzeitalter bis hin zu Spuren dieser Prätention in diversen Staatsflaggen heute. Mindestens 14 zeigen die Sonne in ganz unterschiedlichen Varianten.[56]

Diese mehr oder weniger geheiligten Flaggen deuten in ihrer Vielgestaltigkeit drittens auf eine *Ästhetisierung* der Sonne hin, die sich in der Malerei genauso wiederfindet wie in der musikalischen Komposition und literarischen Deutung, bis hin zur Science-Fiction, in der die Sonne als Auslöser dystopischer Katastrophen inszeniert wird; auch in den Lebenswissenschaften kommt eine »neutrale« Beobachtung des Sonnensystems nicht ohne starke Bilder und Allegorien aus. Damit schließt sich ein Kreis, in dem kein geradliniger Fortschritt von einer primitiven zu einer rationalen Betrachtung behauptet werden kann. Die gravierende Anfälligkeit des Erdsystems macht erneut bewusst, wie sehr die Menschheit vom Sonnensystem abhängig ist. Die kosmologischen, religiösen, politischen und ästhetischen Dimensionen des »Sonnenbildes« sollen nun an einigen Beispielen genauer betrachtet werden.

Selbstlauf der Sonne

Im geozentrischen Weltbild war die »Bewegung« der Sonne am Horizont von Ost nach West so spontan »einleuchtend« wie rätselhaft: Die Sonne ging jeden Tag zuverlässig auf und unter, aber an verschiedenen Punkten des Horizonts und in einem variablen Bogen, der zur Sommermitte hin (bis 20./21. Juni) mit seinen längeren und warmen Tagen (und kurzen Schatten zur Mittagszeit) anstieg und zur Wintermitte hin mit kürzeren und kalten Tagen (und langen Schatten) abfiel. Jenseits davon, dass genaue Beobachtungen des Himmels (Mond und Sterne eingeschlossen) in Agrargesellschaften die Zeitpunkte von Aussaat und Ernten markierten, blieb es ein Rätsel (und ist es kleinen Kindern immer noch), wie die Sonne »über Nacht« jedes Mal an ihren Ausgangspunkt im Osten zurückkehrt. Als Transportmittel wurden Wagen oder Schiffe imaginiert, welche die meist als Scheibe dargestellte Sonne durch die Unterwelt trugen und wieder zum Vorschein brachten. Diese zyklische Ein-Bildung haben die Kosmologien unterschiedlicher Kulturkreise gemeinsam. In europäischen Felsritzungen (Petroglyphen) der Bronzezeit tauchen genau wie in der chinesischen und indischen Tradition von Pferden gezogene Wagen auf. Ein berühmter Fund ist der *Sonnenwagen von Trundholm*, eine 60 Zentimeter lange Skulptur aus der Zeit um 1400 v. Chr., die zu Beginn des 20. Jahrhunderts in einer dänischen Moorlandschaft entdeckt wurde und heute im Kopenhagener Nationalmuseum ausgestellt ist.[57] Ob es sich dabei überhaupt um einen Wagen handelt, ist umstritten;[58] maßgeblich ist, dass hier zum einen die autonome Bewegung der Sonne dargestellt sein soll, und zum anderen, »dass die große, optisch dominante Scheibe das Wesentliche der Gruppe darstellt. Das Pferd ist ihr untergeordnet, es wird von der Scheibe gelenkt, es spielt eine dienende Rolle, es hat die Sonne zu ziehen. Der Wagen schließlich, der minutiös eine funktionale bzw. eine technisch ausgereifte Konstruktion nachbildet, hat mit der eigentlichen Szene der Gruppe nicht viel zu tun. Er bildet lediglich ein bewegliches Gestell zu deren realer Bewegung in einer Zeremonie, die den Zug der Scheibe in einer bestimmten Bahn verlangte«.[59] Die vergoldete Vorderseite zeigt den Tagesparcours, die unvergoldete Rückseite die Nachtfahrt der Sonne.

Andernorts war als Transportmittel das Schiff verbreitet, wie man an einem nicht weniger spektakulären archäologischen Fund aus der Bronzezeit, der »Himmelsscheibe von Nebra« zeigen kann, mit 3600 Jahren die wohl älteste konkrete Darstellung astronomischer Phänomene weltweit.

Die Bronzescheibe, 1999 von zwei Raubgräbern entdeckt und illegal verkauft, misst 32 Zentimeter im Durchmesser und zeigt laut UNESCO-Weltdokumentenerbe die Sonne – je nach Deutung auch den Vollmond –, eine Mondsichel sowie insgesamt 32 goldene Sterne. Sieben davon stehen eng beieinander und werden als Sternbild der Plejaden interpretiert. Am Rand der Himmelsscheibe finden sich zu einem späteren Zeitpunkt hinzugefügte sogenannte Horizontbögen sowie eine Schiffsdarstellung, die als »Sonnenbarke« als mythisches Element auf der Bronzescheibe interpretiert wird. Später wurde der Rand der Himmelsscheibe durchlocht. Einer der Horizontbögen wurde entfernt oder ging verloren.[60]

Abb. 8: Eine Himmelsscheibe aus der Bronzezeit

Dieses Objekt fasziniert Besucherscharen im Landesmuseum Halle, wo es ausgestellt ist, wenn die Scheibe nicht gerade in andere Museen wandert (zum Beispiel nach Kopenhagen zum Sonnenwagen). Die Deutungen der Himmelsscheibe sorgen in Fachkreisen der Archäologie und Astronomie für heftige Kontroversen, ihre wie ein Krimi zu lesende Provenienz- und Raubgeschichte bewegt die Fantasie bis in die Populärkultur hinein. Der »Entdecker« Harald Meller interpretiert die Biografie der Scheibe interessanterweise als Übergang vom Logos zum Mythos und folgt der Hypothese, dass aus einem rationalen astronomischen und agrikulturellen Wissensspeicher, der herrschaftlich verwaltet und geheim gehalten wurde, ein populärer Solarmythos wurde.[61] Dem entspreche der Schritt zur Vergöttlichung und Personifikation der Sonne; seit dem 14./13. Jahrhundert v. Chr. treten personale Götter in Menschengestalt auf, die sich bestimmten Lebensbereichen der Menschen widmen. »Aus der Sonne wird der Sonnengott, der mit seinem Gespann über das Firmament fährt.«[62]

Der Wagen des Titanen Helios und des Gottes Apollo ist ein Motiv, das sich in Gemälde, Fresko und Plastik, bei Peter Paul Rubens über Gustave Moreau bis Odilon Redon durch die Kunstgeschichte hindurch wiederholt und im kollektiven Gedächtnis und in der populären Kultur verankert ist.[63]

Abb. 9: Ein durch die Bildgeschichte wanderndes Motiv

Die Macht der Sonne und ihre Stellvertreter auf Erden

Sonnengottheiten beiderlei Geschlechts kommen in Mythologien und Kosmologien so gut wie aller Völker und Kulturen vor, in der Regel herausgehoben aus der vielstimmigen Götterversammlung.[64] Als eine Gottheit, die die Zügel des Sonnenwagens übernommen hat, begegnet uns in vielen Darstellungen Helios, ein adretter Jüngling, der umrankt von einer strahlenden Aureole mit einer goldenen oder rosafarbenen Quadriga den Himmel durchquert und Licht, Wärme und Freude bringt. Oft wird er begleitet von seinen Schwestern, der Mondgöttin Selene und Eos, der Göttin der Morgenröte. Helios hat nicht die Sonderstellung des ägyptischen Sonnengottes Re, auf den wir gleich zu sprechen kommen, ist aber wie dieser umgeben von einer Schar weiterer Götter und Feinde und verstrickt in zahllose Konflikte – unter anderem mit seinem Sohn Phaeton, der ihm den Wagen entwendet hat und nur durch Zeus' tödlichen Blitzstrahl davon abgehalten werden kann, die ganze Erde in Flammen zu setzen. Dazu später.

Wie schon in die Helios-Erzählung ägyptische und phönizische Vorläufer eingeflossen sind, bevölkern die

Abb. 10: Die japanische Sonnenkönigin wird aus ihrer Höhle gelockt

Mythen der Welt eine unüberschaubare Menge von Sonnengottheiten:[65] Anyanwu bei den Igbo in Nigeria, Nanahuatzin bei den Azteken, Inti bei den Inkas, Akycha bei den Inuit von Alaska, Jóhonaa'éí bei den Navajos, Surya in der buddhistischen, Xihe in der chinesischen und Amaterasu in der japanischen Überlieferung, Bila und Wala bei den australischen Aborigines, Beiwe bei den Samen, Usil bei den Etruskern, Sol bei den nordischen Germanen, um nur einige Namen aus allen Kontinenten aufzuzählen. Hinter diesen halb göttlichen, halb menschlichen Figuren eröffnet sich eine vielschichtige Mythologie, die jeweils um den Lauf der Sonne, das Verhältnis zur Zeit und die Möglichkeit der Verjüngung oder Reinkarnation kreiste, bis die monotheistischen Religionen und die wissenschaftliche Rationalisierung solche Konzepte menschlicher Existenz im Kosmos zurückdrängten beziehungsweise als Aberglauben verbannten, wobei neuheidnische, astrologische und esoterische Solarmythen bis heute eine durchaus beachtliche Anziehungskraft haben.

Besonderes Augenmerk soll hier einer der wenigen weiblichen Sonnengottheiten gelten: Amaterasu Ōmikami (die »große erlauchte Gottheit, die den Himmel beleuchtet«), aus der das japanische Kaiserhaus seine religiös untermauerte Legitimation bezieht. Ihr ist der Schrein in Ise gewidmet, eines der meistbesuchten Heiligtümer der shintoistischen Staatsreligion Japans.[66] Eine für die Sonnenthematik zentrale Erzählung geht so: Nach einem Streit mit ihrem Bruder, dem rüpelhaften Susanoo, zieht Amaterasu sich aus dem Himmel in eine Felshöhle zurück, wodurch sich die Welt verdunkelt. Erst das ausgelassene Feiern anderer Gottheiten und vor allem das Gelächter, das die Gottheit Amen o Uzume mit einem obszönen Tanz auslöst, wecken Amaterasus Neugier. Sie verlässt die Höhle und wird am erneuten Verschwinden gehindert. Eine wichtige Rolle spielt dabei ein Spiegel, in dem Amaterasu sich erkennt; und indem er erstrahlt, endet die Finsternis.

Ein Spiegel wird als eines der Throninsignien des Kaiserhauses im Ise-Schrein aufbewahrt. Die über 5000 Hektar große Anlage umfasst Reisfelder, Äcker und Fischgründe und wird jährlich von mehr als sechs Millionen Pilgern und Touristen besucht, die von japanischen Staatsfeiertagen, Zeremonien des Kaiserhauses und Erntedankfeiern angezogen werden.

Springen wir nun einige Jahrhunderte zurück zum Sonnengott Re. Der Ägyptologe Jan Assmann präsentiert in seiner »Sinngeschichte« Ägyptens[67] eine verblüffende Deutung des Solarmythos: als eine Kosmologie, in der die erwähnte Fahrt der Barke den kosmischen Gesamtprozess der ständigen Erneuerung der Welt symbolisiert. Die Welt ist andauernd von Finsternis, Chaos und Tod bedroht und muss stetig in Gang gehalten werden: Licht überwindet Finsternis, Ordnung das Chaos, Wiedergeburt den Tod, Bewegung den Stillstand, das Gute das Böse. Das Transportmittel der Sonne ist ursprünglich ungesteuert und unbegleitet, bis es von einem mächtigen Gott bestiegen und gelenkt wird. Diese Personifizierung interpretiert Assmann als Bruch mit der überkommenen Kosmologie Ägyptens, als eine kosmo-theologische Revolution: Aus der Sonne wird der Sonnengott Re, der sich aus dem Kollektiv anderer Gottheiten (bis zu 1500 werden gezählt)[68] heraushebt. Dem Mythos nach fährt Re in seiner Barke am Tag über den Himmel und taucht bei Sonnenuntergang in die Unterwelt hinab, durchquert auf dem unterirdischen Nil die zwölf Tore und Regionen der Unterwelt und nimmt dabei die Kopfgestalt eines Widders an, bis er am folgenden Morgen wiedergeboren wird und seine Tages-Reise erneut beginnen kann.

Abb. 11: Anbetung der Sonne im Alten Ägypten

Die Reise durch die Unterwelt ist keine Spazierfahrt: Nacht für Nacht hält die Riesenschlange Apophis das Sonnenboot auf, und erst wenn Re sie besiegt, kehrt im Morgengrauen das Tageslicht zurück. In falkenköpfiger Gestalt reist Re auf der Mandjet-Barke durch die Stunden des Tages über den Himmel, bis er auf die Mesektet-Barke wechselt und erneut in die Unterwelt hinabsteigt. Je nach Tageszeit war Re in verschiedenen Gestalten beziehungsweise Gottheiten präsent: morgens als skarabäusköpfiger Chepre, mittags als Aton (Sonnenscheibe) oder Harachte (falkenköpfig) und abends als Atum. Die große Bedeutung der Sonne erkennt man daran, dass in dieser Sicht jeder Sonnenaufgang eine Kosmogonie ist, eine niemals endende und stets der Wiederholung bedürftige Neu-Schöpfung (ägyptisch: das »Erste Mal«), der das vom Gott Osiris beherrschte Totenreich oder die alles stillstellende Totenruhe (djet) gegenübersteht. Um den Zyklus (neheh) am Laufen zu halten, sind drei Dinge geboten: die genaue Beobachtung des Kosmos, die den Sonnenlauf mitvollziehenden Rituale und eine leistungsfähige politisch-soziale Organisation. Unterlegt wird dieser Prozess deshalb durch die Rezitation von Sonnenhymnen, die den Stillstand des irdischen Lebens, das Böse, den Tod und das Chaos überwinden sollen. Die Angst ist kleiner, dass die Sonne einmal nicht mehr aufgeht, als dass der Sinn des Heilsprozesses verlorengehen könnte.

Assmann unterstreicht damit den politischen Sinn des Sonnenmythos:[69] Es geht nicht nur um die Erzeugung von Licht, Wärme und Zeiteinheiten, sondern um die Ausübung von Herrschaft zur Durchsetzung von weltlicher Ordnung und Gerechtigkeit. Hier erscheint der Sonnengott als Weltenkönig, der durch sein Herrscherwort Ordnung stiftet, Recht spricht, Versorgung sichert und das Böse vertreibt, also den inneren Aufstand wie das Vordringen äußerer Feinde aufhält. Dazu setzt der Sonnengott den Pharao als sein Ebenbild auf Erden ein. In der Mitte des 14. Jahrhunderts v. Chr. verlieh König Amenophis IV., später Echnaton genannt, dem in seiner Person inkarnierten Sonnengott eine Monopolstellung; indem er die anderen Götter ausschloss und die polytheistische Vielheit und Synergie aufhob, begründete er wohl erstmals eine monotheistische Religion. Echnaton-Re bestimmte als Einziger den Sonnenlauf und das Erdenschicksal, es gab auch kein Totenreich mehr, er allein erzeugte die kosmische Energie. Diese Brücke in den Monotheismus wurde von Echnatons Nachfolgern nicht mehr beschritten; sie kehrten zur polytheistischen Ordnung zurück, die sich nun aber pantheistisch beziehungsweise in Gestalt eines fernen, verborgenen Gottes »hyperkosmisch« weitete. Die späteren Gründer monotheistischer Religionen, Moses, Jesus und Mohammed, mussten sich damit auseinandersetzen, wie nunmehr die zwei Reiche – göttliche Schöpfung und weltliche Herrschaft, allgemeiner: Politik, Religion und Wissenschaft – kompatibel sein sollten. Interessanterweise spielte die Sonne dabei erneut eine Rolle.

Sol wird Christus

Der Sonnenkult der römischen Antike hat sich unabhängig vom Helios-Vorbild entwickelt; populär wurde er in der späten Republik namentlich im östlichen Teil des Imperiums. Auf zahlreichen Münzen und Statuen wird *Sol invictus* (unbesiegter bzw. unbesiegbarer Sonnengott) mit Strahlenkranz und Nimbus (Heiligenschein) abgebildet.

Die Sonne, ein Symbol der Dauer, wurde zum Schutzgott der Kaiser (conservator Augusti), der diese vor Verschwörern und Attentätern bewahren sollte. Der weltliche Machtantritt wurde mit dem Sonnenaufgang und dem Beginn einer neuen Epoche gleichgesetzt. Kaiser Aurelian erhob Sol zum »Herrn des Römischen Reichs« (dominus imperii Romani), richtete einen Staatskult ein und baute einen Tempel, der am 25. Dezember 274 eingeweiht wurde, dem Tag der Wintersonnenwende. Ebendieses Datum bestimmte der erste (krypto-)christliche Kaiser Konstantin als den Tag von Christi Geburt und des Weihnachtsfestes, eine spektakuläre religiöse Appropriation. Sol wurde Christus im Sinne der biblischen Verheißung »Aufgehen wird euch die Sonne der Gerechtigkeit« (Maleachi 3,20).[70] Dass der Sonntag von Kaiser Konstantin als »verehrungswürdiger Tag der Sonne« per Dekret zum öffentlichen Ruhetag erklärt wurde, ist als Anlehnung an den Sonnenkult gedeutet worden. Als Gottheit war die Sonne entthront, jetzt war sie eine Schöpfung aus Gottes Hand. Im grego-

Abb. 12: Christus als das wahre Licht

rianischen Hymnus heißt es: »Christus, du wahres Licht, Güte und Leben, Freude der Welt, unermessliche Liebe; der du uns vom Tod zum Leben erlöst hast durch dein Blut.« Als der Erlöser gekreuzigt wurde, soll sich die Sonne der Legende nach verfinstert haben.

Diese Aneignung zeigt sich vor allem ikonografisch, indem Attribute Sols, darunter die Erdkugel, auf den christlichen Gottessohn (und die Gottesmutter Maria), übertragen wurden.

Der Westen besiegt den Osten

Albrecht Altdorfers Gemälde *Die Alexanderschlacht* erzählt vom Kampf Alexanders des Großen gegen den Perserkönig Darius in der historischen Schlacht bei Issos 333 v. Chr. In dem ausladenden Landschaftsgemälde sieht man griechische Krieger in weiß-blauen Uniformen im Kampf mit den persischen Turbanträgern zu Fuß und zu Pferd. Es zeigt eine Schlachtenszene mit Wimpeln, Waffen, Speeren und Lanzen, im Hintergrund eine Ruine, eine Burg vor einem hohen Berg, ein Dorf und ein Zeltlager, weiter hinten den Turm von Babylon, die Insel Zypern, das Rote Meer, Ägypten mit dem Nil, die Stadt Tarsus. Darüber der

Himmel mit seinen feinen Wolkenformationen, an dem uns der Einbruch des Sonnenlichts und dessen matter Widerschein im Mond interessiert. Der historisch informierte Betrachter erlebt aus einer gottgleichen Überblicksperspektive die bevorstehende Kapitulation des (zur Flucht bereiten) persischen Heerführers Darius. Wer sich daran nicht aus dem Geschichtsunterricht (»333, bei Issos

Abb. 13: *Alexanderschlacht mit Sonne und Mond*

Keilerei«) erinnert, den informiert eine von Altdorfer über dem Geschehen platzierte Steintafel: »Alexander der Große besiegt Darius den Letzten, nachdem in den Reihen der Perser 100 000 Mann zu Fuß und über 10 000 Reiter erschlagen und Mutter, Gattin und Kinder des Königs Darius mit nicht mehr als 1000 in Auflösung fliehenden Reitern gefangen worden waren.«

Interessant ist der »solarpolitische« Kontext dieses für Altdorfers sonst menschenleere Landschaftsmalerei eher untypischen Gemäldes. Es handelte sich um ein Auftragswerk für den bayerischen Herzog Wilhelm IV. und die Münchner Residenz mit der Maßgabe, dass die Niederringung der Übermacht durch zahlenmäßig weit unterlegene Truppen eine Auseinandersetzung zwischen dem griechischen Abendland und dem persischen Morgenland symbolisiert. *Ex occidente lux*: Für Ersteres steht die strahlende Sonne, für Letzteres der Halbmond, der die Flagge der Türken ziert, die genau im Entstehungszeitraum des Gemäldes bedrohlich vor Wien standen. Altdorfer inszeniert diese Entscheidungsschlacht als kosmischen Antagonismus. Die Szenerie faszinierte spätere Potentaten wie Napoleon Bonaparte, der sich dieses von französischen Truppen aus München gestohlene Gemälde angeblich in seinem Badezimmer aufhängte; als er geschlagen war, kehrte das »Schlachtstück« (Friedrich Schlegel) beschädigt in die bayerische Residenz zurück.[71]

Der Fall der Sonnenkönige

Der deutsche Kaiser, der die politische Sonnenmetaphorik ganz zu seiner Sache machte, war Maximilian I., ein Habsburger, der durch Heirat Herzog von Burgund wurde, ab 1486 römisch-deutscher König war und von 1508 bis zu seinem Tod 1519 römisch-deutscher Kaiser. Albrecht Dürer fertigte 1522 posthum eine achtteilige Holzschnittfolge von über zwei Metern Länge an, die Maximilian in einem großen Triumphwagen zeigt, unter der Beischrift »Quod in celis sol / hoc in terra caesar est« (Was im Himmel die Sonne / das ist auf Erden der Kaiser). Die Leben spendende Sonne am Himmel symbolisiert das segensreiche Wirken des Kaisers in der damaligen Welt, welche die Habsburg-Monarchie derart umfassend zu beherrschen strebte, dass in ihrem Weltreich »die Sonne niemals untergeht« (so jedenfalls Don Carlos, Infant von Spanien in Friedrich Schillers gleichnamigem Drama). Die habsburgische Solarikonografie, die sich gen Westen vom französischen Hegemonialanspruch, gen Osten vom osmanischen Sultanat abgrenzte, wurde im 16. Jahrhundert von spanischen, niederländischen und vor allem französischen Herrscherhäusern übernommen.[72] Alle reklamierten sie die im Triumphwagen symbolisierte verlässliche Bahn der Sonne (und auch singuläre kosmische Ereignisse wie Sonnenfinsternisse) für ihr Wirken als zuverlässige Herrscher (und Krisenmanager). So war der als solcher in die Geschichte eingegangene »Sonnenkönig« nicht der erste *rey planeta* (König der Welt), wie sich schon der spanische Monarch Philipp IV. (1268–1314) titulieren ließ.

Als *Roi soleil* stellte sich dann formelhaft der barocke Monarch Louis XIV (5. September 1638 bis 1. September 1715) in die von Ägypten über Apollo, den Gott des Lichts (und der Künste), via Griechenland und Rom ins neuzeitliche Europa übertragene Tradition (absoluter) politischer Macht im Glanz der Sonne.[73] Dabei zeigt Louis' Geschichte auch, wie Herrschaft von Gottes Gnaden auf weltlichem Grund landet und sich in der Neuzeit säkularisiert. Die mit 72 Jahren ungewöhnlich lange Amtszeit von

Abb. 14: Selbstinszenierung eines Sonnenkönigs

der Thronbesteigung 1643 bis zum Ableben 1715 bildete eine veritable Ära: Als »absoluter« Monarch entmachtete Louis XIV den französischen Adel und band den Klerus an eine gallikanische, dem Papst distanziert bis feindlich gegenüberstehende Vision der »France toute catholique«, des allerkatholischsten Frankreich, verbunden mit der Diskriminierung und Exilierung der Protestanten; als Kriegsherr erhob er Frankreich in annähernd seiner heutigen, hexagonalen Gestalt zur europäischen Hegemonialmacht und legte mit einer zentralen Administration den Grundstein moderner Nationalstaatlichkeit; als Merkantilist mit staatsinterventionistischen Vorstellungen stabilisierte er die Wirtschaft des Landes, und als umfassender Förderer sämtlicher Künste trug er wesentlich zur Blüte der Barockkultur bei.

Neuerdings wurde herausgearbeitet, dass diese Ära in eine »Kleine Eiszeit« fiel, ein ironischer Kommentar zu einer Regierung, die sich die Sonne zum Motto gewählt hatte. Für die Unterschichten fiel das langwierige Wetterextrem tragisch aus: Die Durchschnittstemperatur sank gegenüber dem langjährigen Mittel um ganze drei Grad. Grund war vermutlich ein Zusammenspiel aus einer verringerten solaren Aktivität und einer Serie heftiger Vulkanausbrüche auf der Nordhalbkugel, die einen Schleier um die Erdatmosphäre legten; die Folge waren massive Ernteverluste und Viehsterben, steigende Preise und Hungerunruhen, Epidemien und Subsistenzkrisen. Der Januar 1709 brachte nochmals einen dramatischen Kälteeinbruch, durch den auch am Hofe der Wein in den Karaffen zu Eis gefroren sein soll.[74]

Die apollinische Kolorierung des Sonnenkönigs war da längst abgeblättert, doch auf die Inszenierung und Fabrizierung, Vermittlung und Rezeption dieser Symbolik (und das folgende Dementi absoluter Herrschaft) wollen wir uns im Folgenden konzentrieren. Es geht um das »Welttheater«, das Louis im »Theaterstaat Frankreich« entfaltete – er selbst betrachtete sich als »Schauspieler«, der Erwartungen des Publikums zu erfüllen hatte.[75] Die Ästhetisierung der Politik begann mit der Inszenierung seiner Geburtsfeierlichkeiten. Der nach jahrelanger Kinderlosigkeit des Königspaars Louis XIII und Anna von Österreich spätgeborene Stammhalter wurde als »Gottgegebener« (Louis Dieudonné) präsentiert und von dem im französischen Exil lebenden kalabrischen Dominikanerpater Tommaso Campanella getauft. Dieser war der Verfasser einer der ersten frühneuzeitlichen Utopien, *La città del Sole* (*Der Sonnen-*

staat, 1602), in der ein idealer, kollektivistischer Staat auf der fiktiven Insel Tapobrane skizziert wird. Campanella strebte eine mit absoluter Macht regierende klerikale Universalmonarchie an. In seiner viel zitierten Schrift wird der Sonnenstaat verkörpert durch Metaphysikus, auch Sol genannt, unterstützt durch das Triumvirat von Pon (Macht), Sin (Weisheit) und Mor (Liebe) – diese Triumviri teilen sich die Staatsaufgaben einer protokommunistischen Diktatur. »Sonne und Sterne verehren sie wie lebende Wesen, [...] die Sonne als den Vater und die Erde als die Mutter«[76]. Doch dieses Reich der Sonne, in dem Privateigentum und Monogamie abgeschafft waren, wollten weder der Vatikan, der die Schrift auf den Index setzte, noch der spanische König noch der französische Kardinal Mazarin, der in Paris die Staatsgeschäfte führte.

Das Motiv der Sonne blieb jedoch an Louis haften. In einem starken, berühmt gewordenen Auftritt im Palais Bourbon am 23. Februar 1653 hatte der 14-Jährige, seit zehn Jahren Regent, im letzten Aufzug des *Ballet de nuit*[77] den Apoll gegeben, im goldglänzenden Kostüm und mit Strahlenkranz als Sonne verkleidet. Ihr Erscheinen kündigt im Stück Aurora, die Morgenröte, an mit den Worten: »Le Soleil qui me suit, c'est le jeune LOUIS.« Das war alles andere als Kindertheater. Das Debüt demonstrierte dem Hof mit Aplomb die kurz zuvor gelungene Niederschlagung der Fronde, einer gegen den königlichen Absolutismus gerichteten Auflehnung des Hochadels. Der Machtanspruch des Königs wurde mit Metaphern der Dunkelheit und des Sonnenlichts unterstrichen:

> Mit dem Tod Ludwigs XIII. ist die Nacht hereingebrochen und hat mit den Fronde-Unruhen zu Konflikten und Unsicherheiten geführt. Erst Ludwig XIV. verheißt Frankreich eine glorreiche Zu-

> kunft. Mit seinem Erscheinen [...] gehen Glanz und Ordnung einher. Damit greift das Ballett Ludwigs Krönung – diese findet am 7. Juni 1654 statt – und seiner späteren absolutistischen Größe vor: Am 10. März 1661, einen Tag nach dem Tod seines Premiers Mazarin wird er seine Alleinherrschaft bekannt geben.[78]

In der Rückschau erklärte der König, zum wichtigsten Monarchen Europas aufgestiegen, die in seinen Wappen und Insignien aufgenommene Solarsymbolik so:

> Als Bild wählte ich die Sonne. Sie ist ohne Zweifel das lebendigste und schönste Sinnbild eines großen Fürsten, sowohl deshalb, weil sie einzig in ihrer Art ist, als auch durch den Glanz, der sie umgibt, und durch das Licht, das sie den anderen Gestirnen sendet, die gleichsam ihren Hofstaat bilden, durch die gerechte Verteilung des Lichtes über die verschiedenen Himmelsgegenden der Welt, durch die Wohltaten, die sie überall spendet, durch ihre unaufhörliche Bewegung, bei der sie trotzdem stets in ständiger Ruhe zu schweben scheint, durch ihren unveränderlichen Lauf, von dem sie niemals abweicht.[79]

Der heranwachsende Louis führte als »politischer Körper« die antike Mythologie der Götter- und Heldentaten mit der christlichen Sakralisierung des Königtums zusammen, womit die Bourbonen den historischen Bogen zum Merowingerkönig Chlodwig I., dem fränkischen Kaiser Karl dem Großen und dem Kreuzzügler Louis VII schlugen. Mit der Salbung machte er sich als Gottes Stellvertreter auf Erden *sichtbar*, der in der Tradition der wundertätigen mittelalterlichen Könige durch Handauflegen Kranke heilen konnte. »Ein sterblicher, den Schwächen der Natur unterworfener Körper steht einem unsterblichen, von Kindheit, Alter und Krankheiten gelösten Körper gegenüber, und ohne diesen unvergänglichen Körper … kein Königtum.«[80] Die Sonne symbolisierte seine zentrale Position im Staat und signalisierte dem Hof, dem Adel, dem Volk und Gesandten ausländischer Monarchen seinen Anspruch auf die Hegemonie in Europa.[81]

Louis' Regime war eine gigantische Inszenierung.[82] Aus dem in der Renaissance erneuerten Repertoire der griechisch-römischen Mythologie übernahm er außer Apollo auch Jupiter, Mars und Herkules und nicht zuletzt Orpheus als Schutzpatron der Musik. Im Gruppenporträt von Jean Nocret aus dem Jahr 1670 präsentiert der König sich und seine Familie als Götter des Olymp und in ihren dynastischen Netzwerken quer durch Europa: Man sieht Henrietta Maria von Frankreich, Königin von England; Philipp I., Herzog von Orléans; dessen Tochter Marie-Louise von Orléans und seine Gemahlin Henrietta Anne Stuart, Herzogin von Orléans, Prinzessin von England; die Königinmutter Anna von Österreich; im Rahmen die verstorbenen Kinder des Königs; König Louis XIV selbst; den Dauphin Ludwig von Frankreich; Königin Maria Theresia von Spanien mit ihren jüngeren Kindern Marie Thérèse und Philippe Charles; hinter dem König dessen Cousine, die »Grande Mademoiselle« Anne Marie Louise d'Orléans. Hier ist der *Dieudonné* nicht mehr der von Göttern Erwählte, sondern selbst göttlich.

Der tanzende König blieb ein Hauptmotiv der Bildpropaganda bis zu seinem Tod. Joseph Werners Gouache stellt Louis XIV als Drachentöter und auch hier als Sieger über politische Opponenten dar, aber in der graziösen Haltung eines Tänzers mit geschwungener Taille und zurückgesetztem Spielbein. Man sieht: Einfühlsame, »feminine« Körperlichkeit und aggressive Maskulinität des Kriegsherrn schlossen sich nicht aus. Aus dem *Roi de soleil* war längst der *Roi de Guerre* geworden.

Vor Hyacinthe Rigauds ikonischem Ölgemälde von 1701[83] im Louvre muss man auf Abstand gehen, um es ganz in den Blick zu bekommen und den überlebensgroß dargestellten Herrscher erfassen zu können – und dann wieder näher herangehen, um die wesentlichen Details wahrzunehmen, die eine andere Deutung suggerieren als die monumentale Ausdehnung von fast sechs Quadratmetern. Bezeichnend ist schon, dass es weder öffentlich, dem französischen Volk zugänglich, noch halböffentlich, für den Hofstaat ausgestellt war, sondern in Louis' Privaträumen hing, ihm also vor allem selbst zur Ansicht und Selbstbestätigung diente. Das Gemälde war eine Auftragsarbeit für Louis' Enkel, Philipp V. von Spanien, das Original blieb in Versailles. Erst später wurde das Gemälde im Thronsaal des Schlosses aufgehängt, ein breites Publikum kann es seit dem rabiaten Ende der Monarchie 1793 im Louvre betrachten.

Bei näherem Hinsehen fällt der Blick von Louis' gealtertem, von Haarausfall und Krankheit gezeichnetem Gesicht unter der schwarzen Perücke und dem schweren Hermelinmantel mit dem Lilienmuster auf die grazilen Beine des 63-jährigen Königs, der sich so als lebenslanger Tänzer zu erkennen gab. Es ist nicht belanglos, dass in seine Regierungszeit die Professionalisierung des Balletts, nun auch unter Einschluss von Ballerinen, und die Eröffnung der Académie Royale de Danse fielen. Auch als Zuschauer blieb der Sonnenkönig im Zentrum, und dieser solare Mythos wurde auf Gemälden, Gobelins, Kupferstichen, Münzen und Medaillen systematisch gepflegt, aktualisiert und über alle damaligen Medien, darunter Denkmäler und Triumphbögen landesweit kommuniziert – ein umfassendes Bildprogramm, das von der 1663 geschaffenen Petite Académie minutiös gesteuert und beaufsichtigt wurde. Gerade in einer kalten Zeit musste man Hofstaat, Adel und auch die breite Öffentlichkeit bei Laune halten und für sich gewinnen. Um Frankreich groß zu machen, war ein Ludwig der Große nötig, wie er schon in den 1860er Jahren tituliert wurde. Kulturhistorisch darf man im exzentrischen Pathos und in der ostentativen Nonchalance des Königs den Habitus eines Rockstars vor seiner Zeit entdecken. Verherrlicht wurden insbesondere die militärischen Erfolge des Königs. Eine Silbermedaille aus dem Jahr 1674 wurde nach der Schlacht von Sinsheim geprägt, wo Louis XIV die kaiserlichen Truppen des Heiligen Römischen Reiches Deutscher Nation besiegt hatte. Auf der Vorderseite sieht man ihn von der Seite, auf der Rückseite erstrahlt er als Sonne.

Zum Apollinischen gehört auch die gezielte Förderung der Künste und Wissenschaften, die unter Louis XIV einen gewaltigen Aufschwung nahmen. Dazu zählte vornehmlich das Bauwesen, dem der König ab 1664 als Oberintendant vorstand und dessen sichtbarstes Produkt das imposante Schloss in Versailles ist, das er als »Ruhesitz Apolls« konzipierte. Noch heute pilgern Massen von Touristen in das Modellschloss vor den Toren der Hauptstadt, Louis' Hofkomponisten erfreuen sich weiterhin großer Beliebtheit, und nicht nur der Louvre ist mit Exponaten von bildenden Künstlern seiner Ära gefüllt. Versailles, über vierzig Jahre von einem kleinen Chateau zu seiner heutigen Größe ausgebaut, kann man als das von Louis XIV inspirierte und zur Mehrung seines Ruhms errichtete Gesamtkunstwerk bezeichnen; so absolut wie an keinem zweiten Ort ist vor den Toren von Paris sein Herrschaftsanspruch buchstäblich in Szene gesetzt worden.[84]

Wird den Besuchern das Schloss heute als Ausdruck perfekter Symmetrie, Rationalität und Ordnung dargestellt, hat Michel Jeanneret eine komplexere Deutung vorgelegt,[85] die entfernt an ägyptische Ursprünge des Sonnenkultes erinnern mag: Schloss und Park beherbergten nämlich eine Fülle furchterregender Drachen, wilder Tiere und Bestien, die es zu bändigen galt. Jeanneret ist der Auffassung, dass die unheimlichen Elemente vorhanden sein müssen, damit der innere Frieden wiederhergestellt und der äußere Frieden erhalten werden kann. Beginnend mit der Trockenlegung der Sümpfe, auf denen das Schloss und die Gärten errichtet wurden, stellt sich ein Regime der Ordnung der allgegenwärtigen Bedrohung durch das Chaos entgegen. So wie das Schloss in den Sümpfen versinken könnte, könnte auch die Monarchie Louis' XIV den Bedrohungen einer neuen Fronde und mächtigen Feinden ausgesetzt sein. Das 24-Stunden-Zeremoniell des Hofes, darunter das Hofballett mit seinen heute kaum noch verständlichen Figuren und die Einbeziehung des Schlafzimmers des Königs, soll hier dem Hof, dem Volk, den ausländischen Gesandten und den rivalisierenden Fürsten Europas die Kontinuität der weltlichen Herrschaft vor Augen führen.

So wie bei Louis XIV das Privateste politisch wurde, waren es auch die musikalischen und dramatischen Darbietungen damals führender Komponisten (wie Jean-Baptiste Lully) und Schriftsteller (wie Corneille, Racine und Molière) als Herrschaftsmittel in der Tradition der Kulturpolitik Richelieus, ebenso die Malerei, die vor allem Charles Le Brun anleitete, und die Architektur, die von dem Baumeister Charles Perrault gelenkt wurde. Alle Sparten der Kultur wurden in zuständigen Akademien administriert mit dem übergeordneten Auftrag, den Ruhm des Sonnenkönigs darzustellen. Die direkte Finanzierung oder indirekte Förderung der Künste und Wissenschaften brachte eine regelrechte Staatskunst hervor, die über ebenso staatlich geförderte Druck- und Bildmedien auch die urbanen Eliten und das Bürgertum erreichte. Die Vielzahl der Repräsentationsmodi durchdrang die gesamte Gesellschaft und diente der Hofkultur in ganz Europa als Vorbild.[86] Der Rückgriff auf vormoderne Mythologien widersprach der von rationalistischen Prinzipien geleiteten Wissenschaft der Zeit nicht; vor allem im naturwissenschaftlichen Bereich gab es große Fortschritte, nicht zuletzt in der Beobachtung des Sonnensystems in dem am Tag der Sommersonnenwende im Juni 1667 von Louis XIV gegründeten, von Charles Perrault gebauten und ununterbrochen von der Cassini-Familie dynastisch geleiteten Pariser Observatoire,[87] das bis heute weltweit führende Astronomen und Mathematiker anzieht.

Überdeutlich wird das selbstreflexive Inszenierungsmuster den in der berühmten Galerie des Glaces, dem Spiegelsaal von Versailles, sich drängenden Menschen. 17 große Spiegel, aus 350 Einzelteilen zusammengesetzt, spiegeln nicht nur das durch die gegenüberliegenden 17 Fenster einfallende Licht und die Parkanlagen, die sie gewissermaßen in das Schloss hineinholen, sondern auch die in der langen Galerie auf und ab flanierenden Höflinge und Besucher. Sie sehen sich und sie sehen, wie sie gesehen werden, und vor allem sehen sie den König, wenn er anwesend ist, sehen, ob er sie sieht, und versuchen, seinen Blick zu erhaschen und seine Aufmerksamkeit für eine Schmeichelei oder ein Anliegen auf sich zu ziehen.[88] Diese Effekte waren beabsichtigt. Spiegelglas war im 17. Jahrhundert ein Luxusprodukt, für dessen Herstellung Colbert venezianische Spezialisten abgeworben und eine staatliche Glasmanufaktur eingerichtet hatte. Noch nicht lange konnten Menschen ihr Gesicht und ihre Gesamterscheinung derart klar und geradezu überwältigend betrachten; wie

Narziss benötigten sie zuvor eine glatte Wasserfläche oder ein reflektierendes Metallstück. Das war eine eher intime Interaktion. Doch nun eröffnete der Spiegelsaal, fast wie bei Amaterasu Omikami, eine Selbstbeobachtung in der Bewegung, dank der Qualität der venezianischen Spiegel in guter Auflösung und Schärfe.

> Die radikalste Neuerung bestand jedoch darin, sich selbst in einem Kontext zu sehen, in dem man sich befand, in den man eingebettet war: sich selbst sehend zu sehen, inmitten so vieler anderer, die sich ebenfalls zum ersten Mal sahen. Es waren sicherlich Spiegel der Schönheit, aber einer Schönheit, die zum Ort, zum Raum, zum Hof gehörte. Ganz objektiv betrachtet, erzeugten die Spiegel einen wunderbaren Effekt der Vergrößerung von Raum und Pracht in der Galerie, indem sie die bereits vorhandene Pracht vervielfachten. Während die Mémoires des Königs [...] ein königliches Selbst förderten, das sich auf die Innerlichkeit konzentrierte – das Sein statt des Scheins von Frömmigkeit und Selbstdisziplin –, schufen die Spiegel von Versailles einen neuen intersubjektiven Raum, einen Raum, der den Blick in ein Spiegelbild zum ersten Mal eminent sozial und öffentlich machte und nicht nur eine Angelegenheit der privaten Selbstbetrachtung. Frühere Spiegel taten dies nicht, konnten dies nicht tun.[89]

Schweifte der Blick von den faszinierenden Spiegeln nach oben, erwuchs aus dem höfischen Geschehen, dem in der Kreuzung der Blicke auch der König unterworfen war, der Anspruch absoluter Dominanz. Der Hofmaler Le Brun, der von den ursprünglich vorgesehenen Apollo- und Sonnenmotiven Abstand genommen hatte, präsentierte in großen

Deckengemälden die militärischen Erfolge Louis' XIV: *La Résolution prise de faire la guerre aux hollandais, La Conquête de la Franche-Comté pour la seconde fois, La prise de Gand en six jours, La Hollande accepte la Paix et se détache de l'Allemagne et de l'Espagne.* Stets ist der König der ikonische Mittelpunkt, umrankt von mythischen Erzählungen, allegorischen Anspielungen und ausgesuchten Accessoires. Die zentrale Deckenkomposition und der Schlüssel des gesamten Dekors ist das Gemälde *Le Roi gouverne par lui-même, 1661,* das an die Übernahme der ganzen Macht durch Louis XIV nach dem Tod von Mazarin und den Beginn der persönlichen Herrschaft des Königs erinnern soll.

War beim ägyptischen Sonnenkönig das Bestreben, mit der Beobachtung des Kosmos, den mitvollzogenen Ritualen und der politisch-sozialen Organisation den Zyklus am Laufen zu halten, so sind die königlich-höfischen Rituale und das astronomische Wissen im 17. Jahrhundert bereits einem weltlichen Fortschrittsideal verpflichtet, das wiederum der Sicherung der absoluten Herrschaft des Königs und seiner Führungsrolle in Europa diente. Louis' berühmtes Bonmot »L'État c'est moi« (Der Staat bin ich) verortet ihn als Zentrum des Staates, den er repräsentiert und der, wie er auf dem Sterbebett gesagt haben soll, nach seinem Abgang bleiben werde. Es war somit der exemplarische Sonnenkönig selbst, der den Mythos der absoluten Herrschaft erdete, nicht zuletzt in den Errungenschaften der Wissenschaften und Künste seiner Zeit, die den Impetus der Aufklärung bereits in sich trugen und dabei die naturwissenschaftliche Dimension des Sonnensystems herausstellten. Während Louis' Rivalen die Sonnenfinsternis des Jahres 1706 noch als Zeichen seines Niedergangs werteten, lud der Monarch selbst führende Astronomen seiner Zeit in das von ihm gegründete Observatoire de Paris in Marly ein, um sich über dieses Phänomen unterrichten zu lassen.[90]

In der Geschichtsschreibung, in der Louis XIV lange als idealtypische Verkörperung absoluter Herrschaft galt, ist auch die Kategorie des Absolutismus neuerdings stark umstritten, vor allem als generelles Epochenmerkmal und Signatur des Zeitalters vom späten 16. bis ins 18. Jahrhundert. Als Merkmale galten bislang die uneingeschränkte, namentlich militärische Fürstengewalt, die Zentralbehörden des Staates, die höfischen Rituale und eine ästhetisch-symbolische Ausstrahlung auf die gesamte Gesellschaft. Vor allem ein Louis XIV vorausgehender Gelehrter, Jean Bodin, hat diese Machtkonzentration in der zeitlich wie räumlich unbegrenzten Souveränität des monarchischen Staates als Palliativ religiöser Konflikte und gesellschaftlicher Fragmentierung herausgestellt. Thomas Hobbes, ein Zeitgenosse Louis' XIV und zeitweise im Exil in Frankreich, radikalisierte dies in eine Art Notstandsdiktatur zur Überwindung der konfessionellen Bürgerkriege. In seiner Vertragstheorie gelang eine Befriedung nur über die freiwillige Unterwerfung der Bürger unter einen personalen Souverän mit unbeschränkter Machtfülle. Diese Theoretisierung absoluter Herrschaft wurde durch Louis' XIV Hofprediger Jacques-Benigne Bossuet religiös ausstaffiert, indem er die Rolle des Fürsten noch über den Staat erhob und dem Monarchen eine aus der Heiligen Schrift abgeleitete sakrale Weihe verlieh, gegen die sich jeglicher Widerstand verbot. Dass solche Narrative weder die Realität des Sonnenkönigs noch die Zustände anderer europäischer Herrscherhäuser trafen und ebenso wenig die Signatur des Zeitalters darstellten, ist Konsens einer »revisionistischen« Forschung. Sie hebt die Bindung des Monarchen an das Naturrecht hervor, bewertet die Macht der Stände und lokaler Instanzen höher und stellt heraus, dass die Herrschaft von Louis XIV im Ausland eher als despotisch und tyrannisch wahrgenommen wurde. Auch sozial- und kultur-

Abb. 15: Jenseits des Ärmelkanals wird der Sonnenkönig verspottet

geschichtlich fällt das Bild der Epoche viel differenzierter aus.

So gesehen müsste man Louis XIV eher als gescheiterten Monarchen bezeichnen, den in der zweiten Hälfte seiner Regierung das Kriegsglück und der wirtschaftliche Erfolg verließen und der auch persönlich als sichtbar gealterter Greis seine Ausstrahlung verlor. Im In- und Ausland erntete er zunehmend Spott und Häme, auf einer niederländischen Medaille rollt der stilisierten Sonne ein weit größerer holländischer Rundkäse triumphierend entgegen. Die Fronde, die er zu Beginn seiner Regierungszeit überwunden zu haben meinte, trat in den *parlements*, den ständisch besetzten Gerichtshöfen, vor dem Hintergrund des permanenten Staatsbankrotts neu auf, und die absolute Herrschaft blieb eine Utopie (oder besser: Dystopie). Oder ein Gespött: Der englische Zeichner und Schriftsteller William Thackeray reduzierte den Sonnenkönig auf sein körperliches Maß (1,60 Meter) und seine Gebrechen.

In Breslau findet man noch eine Wappenkartusche, die der vergangenen Abschreckungsmacht des französischen Königs den preußischen Adler entgegensetzt, eine selbstbewusste Parole »Nec soli cedi« (Er weicht auch der Sonne nicht) des preußischen Königs Friedrich Wilhelm I. Durchgesetzt haben sich auf mittlere Dauer konstitutionelle Monarchien und Republiken, deren Einrichtung im höfisch erstarrten Frankreich nur durch eine gewaltsame Revolution und die Ermordung des Königspaars Louis XVI und Marie Antoinette 1793 möglich wurde.

Nichts Schönres unter der Sonne als unter der Sonne zu sein: Der schöne Schein

Von jeher ist die gewaltige Schönheit der Sonne, die Natur und Mensch das Leben gibt (und nimmt), von Dichtern und Komponisten besungen und von bildenden Künstlern verewigt worden. Ein Beispiel ist Ingeborg Bachmanns Ode »An die Sonne«, die vielen Vorbildern folgend[91] »den Mut hat, von der Schönheit zu reden« (Peter von Matt). Es sei hier in seiner ganzen Länge zitiert:

Schöner als der beachtliche Mond und sein geadeltes Licht,
Schöner als die Sterne, die berühmten Orden der Nacht,
Viel schöner als der feurige Auftritt eines Kometen
Und zu weit Schönerem berufen als jedes andre Gestirn,
Weil dein und mein Leben jeden Tag an ihr hängt, ist die
Sonne.

Schöne Sonne, die aufgeht, ihr Werk nicht vergessen hat
Und beendet, am schönsten im Sommer, wenn ein Tag
An den Küsten verdampft und ohne Kraft gespiegelt die Segel
Über dein Aug ziehn, bis du müde wirst und das letzte
verkürzt.

Ohne die Sonne nimmt auch die Kunst wieder den Schleier,
Du erscheinst mir nicht mehr, und die See und der Sand,
Von Schatten gepeitscht, fliehen unter mein Lid.

Schönes Licht, das uns warm hält, bewahrt und wunderbar
sorgt,
Dass ich wieder sehe und dass ich dich wiederseh!

Nichts Schönres unter der Sonne als unter der Sonne zu sein …

Nichts Schönres als den Stab im Wasser zu sehn und den
Vogel oben,
Der seinen Flug überlegt, und unten die Fische im Schwarm,
Gefärbt, geformt, in die Welt gekommen mit einer Sendung
von Licht,
Und den Umkreis zu sehn, das Geviert eines Felds, das
Tausendeck meines Lands
Und das Kleid, das du angetan hast. Und dein Kleid, glockig
und blau!

Schönes Blau, in dem die Pfauen spazieren und sich verneigen,
Blau der Fernen, der Zonen des Glücks mit den Wettern für
mein Gefühl,
Blauer Zufall am Horizont! Und meine begeisterten Augen
Weiten sich wieder und blinken und brennen sich wund.

Schöne Sonne, der vom Staub noch die größte Bewundrung
gebührt,
Drum werde ich nicht wegen dem Mond und den Sternen und
nicht,
Weil die Nacht mit Kometen prahlt und in mir einen Narren
sucht,
Sondern deinetwegen und bald endlos und wie um nichts sonst
Klage führen über den unabwendbaren Verlust meiner Augen.[92]

Der rätselhafte, eher deprimierende Schluss deutet wohl an, dass es sich zugleich um ein an ein namenloses Du gerichtetes Liebesgedicht der Bachmann handelt. Diesen Konnex, aber mehr noch eine Verbindung zu einer von der Sonne geprägten, ja durchfluteten Landschaft findet man auch bei Albert Camus: »Im Frühling wohnen in Tipasa die Götter. Sie reden durch die Sonne und durch den Duft der Wermutsträucher, durch den Silberküraß des Meeres, den grellblauen Himmel, die blumenübersäten Ruinen und die Lichtfülle des Steingetrümmers«.[93] Aus solchen Eindrücken in Algerien leitete Camus ein ganzes »mittelmeerisches Denken« ab, das er vom (zentral-) europäischen abhob und darin einen Gegensatz von Sonne und Geschichte konstruierte. Angesichts der toskanischen Hügel schrieb er:

> Vor ihm traten die Wolken über den Hügeln auseinander wie ein sich öffnender Vorhang. Im gleichen Augenblick schien es, als wüchsen die Zypressen auf den Gipfeln plötzlich höher hinein ins befreite Blau. Die ganze Hügelwelt mit ihren Steinen und Ölbäumen hob sich langsam ihnen nach. Andere Wolken kamen. Der Vorhang schloss sich, und die Hügel mit ihren Zypressen und Häusern senkten sich aufs neue. Dann zog der gleiche Wind, der hier die dichten Wolkenfalten öffnete, sie über den anderen, sich in der Ferne verlierenden Hügeln wieder zusammen. Dies mächtige Ein- und Ausatmen der Erde vollzog sich im Rhythmus weniger Sekunden und wiederholte in immer weiteren Fernen das strenge, aus Stein und Luft gefügte Thema einer weltgewaltigen Fuge. Jedes Mal sank das Thema einen Ton; und je ferner ich es verfolgte, um so ruhiger wurde ich. Und als mein Herz am Ende

> dieser Fernsicht angelangt war, umfasste es mit einem Blick die sämtlichen, ins Weite fliehenden Hügelketten und erhob sich aufatmend mit ihnen in einem einzigen Lobgesang der ganzen Erde.[94]

Nicht (mehr) Götter oder ein Gott schaffen »Sinn«, das muss der freie Mensch selbst tun. Die 2023 im Pariser Musée Marmottan Monet und im Potsdamer Museum Barberini von den exzellenten Kennern Marianne Mathieu und Michael Philipp kuratierte Ausstellung »Face au soileil. Un astre dans les arts / Sonne. Die Quelle des Lichts in der Kunst« kann als Vademecum durch eine die Jahrtausende überspannende, so konstante wie wechselhafte Darstellung und Symbolik der Sonne und des Sonnenlichts in der bildenden Kunst fungieren. Die Ausstellung kreiste um das schon erwähnte Prachtstück des Pariser Museums, Claude Monets *Impression, soleil levant* (Abb. 17) und wanderte von dort in die Vergangenheit und Gegenwart des Sonnenmotivs. Wir hingegen möchten mit einer vermeintlich primitiven Darstellung unseres Sterns beginnen, nämlich mit Kinderzeichnungen, deren Züge sich in frühgeschichtlichen Funden spiegeln,[95] bis in die moderne Kunst hineinreichen und sich sogar in der wissenschaftlichen Astronomie fortsetzen. »Punkt, Punkt, Komma, Strich – fertig ist das Mondgesicht«, dichten kleine Kinder gerne zur Darstellung des Mondes, bei dem ein ganz wesentliches Attribut fehlt, das Sonnendarstellungen ebenso wie frühen Exponaten der Kunst eigen ist: Sonnenstrahlen, die aus der kreisförmigen Mitte entspringen. Dabei hat man es mit einem doppelten Paradox zu tun: Menschen malen die Sonne, als könnten sie ihr mit ihren Augen länger »ins Gesicht sehen«, und verleihen ihr ganz anthropomorph Augen plus eventuell andere physiognomische Merkmale – ein Phänomen, das

Abb. 16: Die Sonne in runden Nachbildern retinaler Eindrücke

wohl auch Ingeborg Bachmann und vor ihr verschiedene andere Poeten mit dem Augenmotiv angesprochen haben. Und der Strahlenkranz bündelt eine Sonneneinstrahlung, die in Wirklichkeit diffus ist und nur in der Zeichnung Gestalt annimmt. Nur ganz selten zeichnen Kinder (und Erwachsene) eine Sonne ganz ohne diese Aura.

In der Regel malen Kinder ab etwa zwei Jahren die Sonne in grellgelber Lichtfarbe. Oft ist sie am Bildrand angebracht und beleuchtet eine Szene meist mit breitem Lachen; dabei ziert sie eine stilisierte Landschaft, die Kindergartenumgebung oder eine Familienkonstellation, was in der Entwicklungspsychologie zu allerhand Deutungen und Periodisierungen Anlass gegeben hat.[96] Interessanterweise sind menschliche Physiognomie und Strahlenkranz auch der künstlerischen Produktion Erwachsener von der ersten Felskunst bis zur Malerei und Plastik von heute eigen geblieben.

Kreisrunde Scheiben und Strahlenkränze haben wir auf den antiken Helios- und Apollo-Skulpturen und -Medaillons gesehen, man findet sie auch bei biblischen Motiven auf Monstranzen, in Stichen und Gemälden von Albrecht Dürer, Raffael, Caspar David Friedrich und dann wieder bei Künstlern des 20. Jahrhunderts wie Albert Trachsel, Edvard Munch und Otto Dix, sowie auf einer Unmenge esoterischer und astrologischer Exponate. Daran lässt sich ablesen, dass die generelle Anthropomorphisierung der Sonne, das heißt ihre Ausstattung mit menschlichen Merkmalen, ein anthropologisch verankerter Darstellungsakt ist, den man als Versuch der symbolischen Domestizierung eines unheimlichen Objekts wie auch als Ausdruck subjektiver Verbundenheit mit der mächtigen Licht- und Wärmespenderin im Universum deuten kann. Beides macht die in fast allen Kulturen prominente Ästhetisierung des Sterns deutlich. Einen ironischen Kommentar des Strahlenkranzes hat Gérard Fromanger mit seinem Bild *Die Sonne überflutet meine Leinwand* (1980) geliefert, auf dem ein großer sonnengelber Glyzerinkreis zu sehen ist, aus dem Farbspuren herausrinnen. Die Sonne tropft.

Der Grund für die Beliebtheit des Motivs ist auch die bemerkenswerte Nähe oder Verwandtschaft von Sonne, bildender Kunst beziehungsweise Fotografie und Astronomie. Die Sonne spendet Licht und Farben, die für die Malerei essenzielle Medien und Themen sind, aber man sollte ihren Schein nicht (lange) auf das Auge wirken lassen. Hilfsweise entwickeln Künstler eine Vielzahl symbolischer Umformungen, die mit technischen Mitteln und wissenschaftlichen Experimenten verfeinert werden, bis man ein vermeintlich exaktes Bild der Sonne hat, wie es hochentwickelte Teleskope bieten. Diese Bilder werden wiederum in symbolische Formen gegossen. So hat das Künstlerpaar Robert und Sonia Delauney den Versuch unternommen, die blendende Sonne in runden Nachbildern retinaler Eindrücke festzuhalten.

Auch der Siegeszug der Fotografie in der zweiten Hälfte des 19. Jahrhunderts erlaubte es, wie schon seit der Erfindung des Teleskops, der Sonne nunmehr ungeschützt und längere Zeit »ins Gesicht zu schauen« und ihr Abbild zu vergrößern. Fotos wurden zum Hilfsmittel astronomischer Forschung; besondere Beachtung verdienten Sonnenfinsternisse, deren Aufnahme die Korona sichtbar machte; zu sehen waren auch Sonnenflecken und -eruptionen, die eine Art Strahlenkranz erzeugen. 1845 gelang zwei Franzosen eine Daguerreotypie der Sonne, und bald konnte man mithilfe der stets weiterentwickelten Fototechnik Objekte und Vorgänge sehen, die dem menschlichen Auge verborgen geblieben waren, wie die granulare Oberfläche und die Korona der Sonne.[97]

Die Malerei war durch das neue Bildmedium herausgefordert, und sie nahm diese Herausforderung an. Im Atelier des Pionier-Fotografen Nadar stellte Claude Monet sein 1872 entstandenes Gemälde *Impression. Sonnenaufgang* erstmals aus, das in der damaligen Kunstkritik überwiegend verrissen, später dann als ein Hauptwerk des nach diesem Bild benannten Impressionismus angesehen und zu einem hochpreisigen Ausstellungs-Blockbuster wurde. Auch in der erwähnten Pariser und Potsdamer Ausstellung nahm es einen prominenten Platz ein: Dort galt das Bild als Wendepunkt in der Geschichte des Sehens, der Wertung des Auges und Deutung der Sinne. Anders als viele Vorläufer-Gemälde zeigt es den Sonnenaufgang nicht als quasi-ontologischen Topos einer Erscheinung, die Gefühle

Abb. 17: So bekam der Impressionismus seinen Namen

des Aufbruchs, der Hoffnung oder des Triumphs heraufbeschwört. Sondern es gibt ohne jede auktoriale Interpretationsvorgabe einen momentanen, unwiederholbaren Gefühlseindruck wieder, in diesen wenigen Pinselstrichen, die Monet am 13. November 1872 um 8 Uhr morgens[98] auf dem Balkon des Hotel L'Amirauté am Hafen von Le Havre auf die Leinwand geworfen hat. Es zählt der Augenblick, nicht eine prä- und überdeterminierte romantische Stimmung (»Die Sonne geht auf!«) und deren stereotype Deutung (»sublim!«), sondern der reine, subjektive Augen-Blick auf eine konkrete Situation. Auch wenn Monet aus Le Havre stammte und die Örtlichkeiten gut gekannt haben dürfte, wird *Impression* ein touristischer Blick zugeschrieben. Die aufgehende Sonne schwebt orangerot am Himmel, novembertrüb und smog-verschleiert durch die Emissionen der Hafen- und Industrieanlagen am Horizont; würde man das Bild schwarz-weiß abbilden, wären die Sonne und ihr Abglanz auf dem Wasser kaum noch zu sehen. Sie spielt hier ohnehin nicht mehr die Hauptrolle, die sie in der bisherigen Kunstgeschichte hatte (und bei den Expressionisten wieder haben würde); die Hauptrolle bekommt bei Monet nun ihr Pendant, das Auge, das nach dem Vorrücken der Fotografie intensiver und genauer schauen soll.

Sonnenuntergang

Die Sonne blieb im 20. Jahrhundert ein wichtiges Motiv der Literatur, der Musik und der bildenden Kunst. Ab 1900 lassen sich grob drei Tendenzen konstatieren: Zum einen wird das Spektrum farbiger, »schwarze Sonnen« eingeschlossen. Ein Beispiel dafür ist die explosive Farbigkeit eines Vincent van Gogh, vor allem in seinem in Südfrankreich entstandenen Spätwerk, mit »einer Sonne, die alles mit einem Licht wie feinem Gold überflutet«.[99] Der Schweizer Maler Albert Trachsel zeigte 1909 die Sonne in ihrer blendenden Helligkeit und unwiderstehlichen Strahlkraft, die Edvards Munchs Wandbild noch übertrifft.

Zweitens werden die Darstellungen der Sonne abstrakter, ausgehend von der Kreisform der Sonne, etwa bei Sonia Delauneys Simultankontrasten (1913), die die Protuberanzen vorwegnehmen, die wir heute dank leistungsstarker Teleskope in Augenschein nehmen können.

Auffällig ist jedenfalls, dass – so sehr sich Aufgang und Untergang der Sonne visuell ähneln mögen – der Sunset und die damit einhergehende Abendstimmung wohl das Gros der Motive ausmachen.[100] Das gilt für unzählige Gemälde nach der romantischen Epoche: von Paul Signacs *Der Hafen bei Sonnenuntergang, Opus 236* (Saint-Tropez) (1901/02) und Claude Monets London-Bild *Das Parlament* (1904) über Félix Vallotons orangen *Sonnenuntergang* (1910) und Emil Noldes Abendlandschaften (1938/1945) bis zu den seriellen Persiflagen von Dieter Roth (*Kleiner und Großer Sonnenuntergang*, 1968), Andy Warhol (*Sunset* 1972) Richard Hamilton (*Sunset a-i*, 1974/75) und Thomas Weinberger (*schön. 54 sunsets*, 2022), die sich in Postkartenmotiven bei Instagram millionenfach wiederholen. In Henri Meuniers *Das Testament von Baron Jean* (1898), einer Szene vom Ertrinken, und in Otto Dix' *Essenholer bei Pilkem* (1924), einer Kriegsszene aus dem Schützengraben, ist das leicht in den Kitsch abgleitende Sonnenuntergangsmotiv – bei Dix eine Explosion wie von einer Granate – brachial umgedeutet, Sonne und Tod kommen sich nahe, Melancholie herrscht vor, während sich die Sonne verdunkelt oder gänzlich schwarz erscheint. Otto Piene, ein Mitglied der Nachkriegskünstlergruppe ZERO, hat die Reduktion auf die Kreisform, basierend auf Experimenten mit Feuer, konsequent betrieben. Die Sonne ist hier nur ein Rußfleck. Auch das restliche Universum wird so schwarz dargestellt, wie es eine erloschene Sonne umgeben würde. Der schwarze Stern ist in Melancholie getaucht und dekonstruiert. Noch radikaler ist Herbert Zangs *Schwarze Sonne* von 1978.

Drittens öffneten sich Künstler nach 1900 indigenen Kosmologien, wie exemplarisch der New Yorker Richard Pousette-Dart, für den die Sonne, hier in gleißendem Gold dargestellt, das Zentrum des Kosmos war, aus dem alle Energie kommt. Ein Kunstwerk war für ihn das Mittel, eine Verbindung zum Universum herzustellen. Das ist weniger weit von der Astrophysik und Raumfahrt entfernt, als man denken könnte, wie exemplarisch Katharina Sieverdings Bearbeitungen von NASA-Fotos belegen mögen. Der Erdenmensch kann die Sonne nicht bei Mitternacht schauen, wohl aber eine Raumfahrtequipe, die sowohl auf die mitternächtliche Erde wie auch auf die Sonne blicken kann.

Diese Vereinigung von Mensch und Kosmos bewirkt im Zeitalter des Anthropozäns schließlich, viertens, ein praktisch-politisches Engagement der Künstler, das bei Ólafur Elíasson zum Projekt *Sonnenenergie 22* mit einer raumgreifenden kreisförmigen Projektion der Sonne führte, die im Sommer 2022 in der Rotunde der Münchener Pinakothek der Moderne diagonal installiert war. So beschreibt der Künstler sein Werk:

> Von Frühling bis Herbst 2022 arbeiten die Sonne und die Erde zusammen, um Sonnenenergie 22 zu schaffen. Während sich die Position der Erde im Verhältnis zur Sonne verändert, entwickelt sich das Drehbuch weiter und gestaltet das Kunstwerk ständig neu. Die sich entfaltende Erzählung hebt die Bewegung der Erde hervor, so dass die unsichtbare Bewegung sichtbar wird.[101]

Gegen den rasanten Klimawandel und das nicht minder voranschreitende Artensterben muss eine radikale, eben »kosmo-politische« Transformation der globalen Energieproduktion erfolgen, konkret eine rasche und entschiedene Dekarbonisierung, um die drohende »Selbstverbrennung« (Hans-Joachim Schellnhuber) zu verhindern.[102] Dazu bietet die Sonne ein großes Spektrum von Möglichkeiten, deren Chancen und Risiken wir im nächsten Kapitel erörtern wollen. Auch dazu ist die symbolische Dimension hilfreich.

Als Menschen noch keine Zündhölzer und Feuerzeuge besaßen, waren der Funkenschlag oder das Brennglas die besten Möglichkeiten, ein Feuer zu entzünden. Junge und alte Pfadfinder praktizieren das spaßeshalber noch heute,

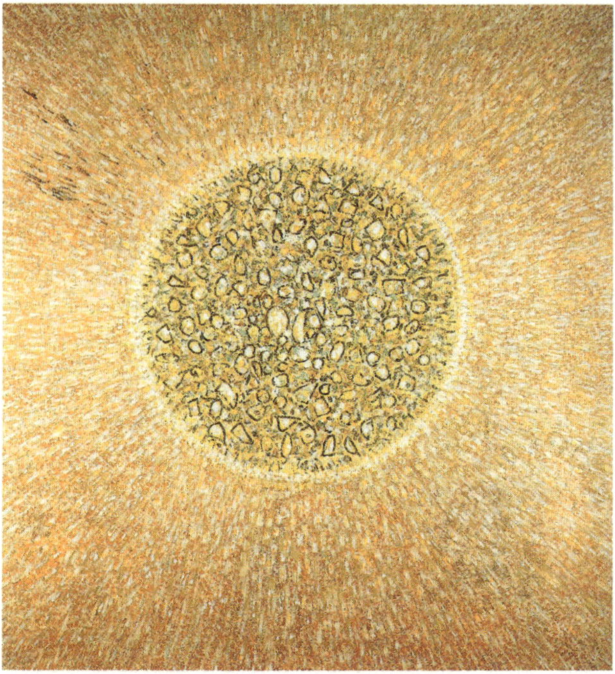

Abb. 18: *Goldenes Zentrum des Universums*

wenn sie mit einem geeigneten Glasstück Zunder in Brand setzen, aus dem bei einiger Geschicklichkeit und passender Sauerstoffzufuhr ein Lagerfeuer entsteht. Später kam das Brennglas mit den Eigenschaften einer Linse hinzu, die den Lichtstrahl bündelt. So wurde das Feuer domestiziert, das Menschen zuvor nur als äußere Gefahr bekannt war. In der antiken Mythologie ist es der Titan Prometheus, der Zeus das Feuer entwendet und der Menschheit damit eine fürderhin »prometheisch« genannte Energie geschenkt hat. Zur Strafe für diesen frevelhaften Akt wird Prometheus von Zeus an einem Felsen im Kaukasus festgeschmiedet, wo ein Adler täglich von seiner stets nachwachsenden

Abb. 19: *Die Sonne um Mitternacht schauen*

Leber frisst, bis Herkules ihn von seinen Qualen befreit und Zeus ihn begnadigt. Der Mythos wird seit Hesiod und Aischylos als Lehrstück menschlicher Fortschrittshoffnungen erzählt.[103] Zu diesen Fortschritten zählt nicht zuletzt, dass die Menschheit in ihren Höhlen und im Dunkel der Nacht dank Prometheus und Co. andere Lichtquellen erfand und entzündete: Fackeln, Kerzen, Glühbirnen, Neonröhren, LED-Lampen.

Rubens und viele andere Maler vor und nach ihm haben die Geschichte von Phaetons Scheitern festgehalten. Ähnlich wie Ikarus, der mit seinen improvisierten Wachsflügeln der Sonne zu nahe gekommen war, demonstriert

Abb. 20: Vorwarnung an das Anthropozän

Phaeton die menschliche Hybris gegenüber der Sonne und der Natur allgemein. Der Sohn des Helios besteigt unerlaubt den Sonnenwagen des Vaters und kommt in rasender Fahrt von der Bahn ab; den drohenden Weltuntergang verhindert Zeus mit einem Blitz. Der Wagen wird zertrümmert, der Lenker Phaeton stürzt in die Tiefe und stirbt. Ovid hat ihm auf den Grabstein gedichtet: »Hier ruht Phaeton, der Lenker des väterlichen Wagens; zwar konnte er ihn nicht meistern, starb aber, nachdem er Großes gewagt hatte.« So agiert die Sonne in ihrer ganzen Ambivalenz, indem sie wärmt und verbrennt, belebt und zerstört. Auch Phaeton gilt in Wissenschaft und Technik als Pionier, sogar die Karosserieform einer (fossilen) »Motorkutsche« trug bis zur jüngsten Kreation eines Wolfsburger Autobauers diesen Namen.[104]

Beide, Prometheus wie Phaeton, spielen gewissermaßen mit dem Feuer und bieten Narrative der Bändigung von Naturgewalten zum Zweck menschlichen Fortschritts mittels Technik und Wissenschaft. In skeptischer Lektüre stellen sie eher die Kehrseiten der Fortschrittsideologie und die Instrumentalisierung der Natur heraus. Als prometheisch, nunmehr gegen den Zeitgeist der fossilen Industrialisierung gerichtet, bezeichnen wir das Vorhaben, das Licht der Sonne zum »Feuermachen«, zur Produktion von Strom und Wärme zu nutzen. Phaetons Übermut hingegen zeigt uns die Grenzen der Möglichkeiten des solaren Geoengineerings auf.

Kapitel 3

Sonnenwende

Alles Leben auf der Erde bezieht seine Energie letztendlich aus dem Licht der Sonne. Dank ihr wachsen Pflanzen und bauen Biomasse auf. Die Sonne bewirkt auch die Luftdruckunterschiede in der Atmosphäre und ist somit ebenso eine Windmacherin wie ein Wasserrad. Den naheliegenden Schluss, nämlich aus Sonne, Wind und Wasser Energie zu erzeugen, hat die Menschheit zu Beginn der Industrialisierung bekanntlich nicht gezogen. Sie wählte stattdessen den karbonen Entwicklungspfad, der die chemische Zusammensetzung unserer Atmosphäre durch die Emission von Treibhausgasen so verändert hat, dass die Sonneneinstrahlung angesichts weltweit steigender Durchschnittstemperaturen eher als Gefahr erscheint.

Die Alternative klingt verführerisch einfach: Man ahmt die Photosynthese der Pflanzen nach und bewahrt die Menschheit mittels Solar-, Wind- und Wasserenergie, dem Dreisatz der Erneuerbaren, vor ihrer Selbstverbrennung. Dazu müsste die Menschheit »nur« einen anderen, solaren Entwicklungspfad auf der Basis einer Energiequelle einschlagen, die sich nach menschlichen Maßstäben täglich erneuert und niemals versiegt. Sie »scheint«, wie wir festgestellt haben, seit rund 4,5 Milliarden Jahren und wird das noch mindestens ebenso lange tun, kann also genügend Energie liefern, um den aktuellen und prospektiven Bedarf von zehn Milliarden Menschen (und mehr) mehr als zu decken. Wir stellen in diesem Kapitel den Stand und die globalen Entwicklungspotenziale des Solarstroms dar, betrachten kritisch die Projektionen und Pläne des solaren

Geoengineerings und bilanzieren die Bemühungen, mit der Kernfusion die Sonne gewissermaßen auf die Erde zu holen.

Später Durchbruch einer alten Idee

Um einen positiven Gegenentwurf zur damals ausgebauten Atomkraft zu liefern, erfand die 22-jährige dänische Wirtschaftsstudentin Anne Lund im April 1975 das Logo mit der lachenden roten Sonne vor gelbem Hintergrund und dem Originalspruch »Atomkraft? Nej tak«, das seither auf Buttons, Aufklebern, Plakaten, Fahnen, Buchtiteln, Postkarten und Organisationslogos millionenfach verbreitet, übersetzt, variiert, auf andere Themen übertragen, ins Gegenteil verkehrt[105] und parodiert worden ist. Lunds Ziel war es, eine politische Auseinandersetzung freundlich und höflich zu gestalten, und eine realistische Alternative zu bieten. Sie nutzte dafür das ikonische Erbe der kollektiven Bilderinnerung, das wir im vorigen Kapitel dargestellt haben.[106] So entstand übrigens auch ein Vorbild für die im Internet und in den sozialen Medien allgegenwärtigen Emojis.[107]

Die Vorteile der Energie und Wärme spendenden Sonnenstrahlen sind den Menschen seit Urzeiten bewusst. Es ist Common Sense, dass man eine Behausung in den kälteren Weltgegenden am besten nach Süden ausrichtet (und man sich durch Abschattungen und kühlende Quellen vor großer Hitze schützen kann). Die uns erreichende elektromagnetische Strahlung stammt, wie wir gesehen haben, von der rund 5500 Grad Celsius heißen Oberfläche der Sonne und geht auf Kernreaktionen im Sonneninneren zurück. Die durchschnittliche Intensität der Sonneneinstrahlung, bevor sie senkrecht in die Erdatmosphäre eintritt, beträgt etwa 1360 Watt pro Quadratmeter (W/m^2). Wenn man berücksichtigt, dass stets nur die halbe Erdkugel von der Sonne beleuchtet wird und die Sonneneinstrahlung größtenteils nicht rechtwinklig, sondern unter einem kleineren Winkel auf die Erdatmosphäre trifft, reduziert das die durchschnittlich auf der gesamten Erde eintreffende Sonnenintensität auf 340 W/m^2. Nach dem Eintritt der Strahlung in die Erdatmosphäre wird ein Teil von Eiskristallen, Staub, Gas und flüssigen Schwebeteilchen gestreut und reflektiert, ein weiterer Teil von der Atmosphäre absorbiert und dort erdfern in Wärme umgewandelt. Wie viel Strahlung schließlich auf die Erdoberfläche auftritt und dort absorbiert oder reflektiert wird, schwankt erheblich je nach Breitengrad, Höhenlage, Witterung und Oberflächenbeschaffenheit. Dadurch, dass in Form von reflektiertem Licht und Wärmestrahlung Sonnenenergie aus dem Erdsystem wieder in den Weltraum abgegeben wird, stehen Erde und Sonne in einem Strahlungsgleichgewicht, das die globalen Temperaturen relativ stabil hält.[108]

Abb. 21: In Zukunft könnten gigantische Photovoltaikanlagen im Weltraum die Energieversorgung der Erde sichern

Das Menschheitswissen darüber, wie die charakteristischen Variationen der Sonneneinstrahlung praktisch genutzt werden können, ist in Vergessenheit geraten, weil man die Temperatur mittels Heizen und Kühlen unter hohem Energieeinsatz zu regulieren gelernt hat. Der karbone Entwicklungspfad hat sich auch beim Bauen durchgesetzt. Doch avantgardistische Baumeister und diverse Architektur-Ausstellungen der vergangenen Jahre haben sich traditioneller Techniken der Temperaturregulierung vergewissert und neue Technologien auf Basis des solaren Entwicklungspfads ausgetüftelt, die an lange in Vergessenheit geratene Pioniere anknüpfen.

Leichter erzeugt als gespeichert

Eine vergleichsweise einfache Option der energetischen Nutzung der Sonneneinstrahlung, mit der auch zahlreiche nach karbonen Maßstäben gebaute Gebäude nachgerüstet werden können, ist die Photovoltaik (PV). Die meisten Menschen, die eine Photovoltaikanlage bei sich installiert haben, verstehen allerdings höchstens in Grundzügen, wie ihre »Solarzellen« Sonnenlicht in elektrischen Strom umwandeln. Das Photovoltaik-Funktionsprinzip nutzt die besonderen Eigenschaften von Halbleitern, wie etwa Silizium. Halbleiter sind Materialien, deren Eigenschaften zwischen denen von Isolatoren und von Strom leitenden Materialien liegen. In ihnen können Elektronen sich entweder im sogenannten Valenz- oder im Leitungsband befinden: In Ersterem sind sie chemisch fest gebunden, in Letzterem sind sie frei beweglich und können einen Stromfluss initiieren. Übergänge vom Valenz- ins Leitungsband sind möglich, wenn den Elektronen Energie zugeführt wird, zum Beispiel durch einfallende Photonen. Wenn man den Halbleiter erwärmt oder mit Licht bestrahlt, nimmt daher seine Leitfähigkeit zu. Elektronen werden dadurch in die Lage versetzt, frei im Halbleiter umherzuwandern – sie haben dann die Bandlücke zwischen Valenz- und Leitungsband überwunden. Genau das passiert in einer Solarzelle, wobei der nutzbare Teil des Sonnenspektrums davon abhängt, wie groß die energetische Lücke zwischen Valenz- und Leitungsband ist. Wenn die befreiten Elektronen und ihre nun leeren Herkunftsorte im Kristallgitter (die »Löcher«) durch ein elektrisches Feld voneinander getrennt werden, entsteht ein nutzbarer Gleichstrom, mit dem bestimmte Haushaltsgeräte betrieben und Speicherbatterien geladen werden können. Für die Einspeisung in öffentliche Netze muss der so gewonnene Solarstrom noch mit einem Wechselrichter umgewandelt werden.[109]

Solarstrom wird nur erzeugt, wenn die Sonne scheint. Um auch bei Dunkelheit mit Strom versorgt zu werden, muss man Batterien oder chemische Energiespeicher nutzen – letzteres Verfahren praktizieren übrigens Pflanzen. In Deutschland wurden 2023 laut der Stromspeicher-Inspektion 2024 der Hochschule für Technik und Wissenschaft (HTW) Berlin 530 000 neue Heimspeichersysteme mit einer kumulierten Speicherkapazität von 4,6 Gigawattstunden (GWh) installiert, größtenteils unter Verwendung von Lithium-Ionen-Batterien. Gegenüber dem Vorjahr war das eine Verdopplung des Bestandes.[110]

Wenn Solarstrom statt in eine heimische Batterie ins öffentliche Netz eingespeist wird, ist die Herausforderung größer: Dann sind großskalige Stromspeicher gefragt. Im öffentlichen Stromnetz muss die Stromproduktion präzise auf den Bedarf abgestimmt sein, um die Spannung konstant zu halten. Pumpspeicherkraftwerke sind hier neben leistungsstarken Batterien ein wichtiger Teil der Lösung dieses Speicherproblems: Wenn überschüssiger Strom produziert wird, wird dort Wasser in ein höher gelegenes Reservoir gepumpt. Wenn Strom benötigt wird, leitet man das Wasser zurück in ein tieferes Wasserbecken und treibt damit Turbinen an. Der Wirkungsgrad dieser Speicher, also der wiederherstellbare Anteil der ursprünglichen elektrischen Energie, liegt durchschnittlich bei mehr als 80 Prozent. Daneben werden derzeit Technologien entwickelt, bei denen der grüne Strom per Elektrolyse dafür genutzt wird, Wasserstoff oder synthetisches Methan herzustellen. Diese Gase können dann wiederum Kraftwerke antreiben. Um die Speicherkapazitäten noch weiter zu steigern, wird darüber nachgedacht, auch Autobatterien in das Stromnetz zu integrieren. Diese sind schließlich ohnehin zahlreich vorhanden und könnten bei Bedarf Strom zurück ins öffentliche Netz abgeben. Die Internationale Energieagentur IEA rechnet in ihrem »Sustainable Development Scenario« von 2019 damit, dass bis 2040 weltweit 10 000 GWh Speicherkapazität verfügbar gemacht werden müssen, um die Klimaziele zu erreichen. Für ein emissionsfreies Szenario im Jahr 2050 sind laut IEA Speicher für 3100 GW Leistung mit einer mittleren Speicherdauer von vier Stunden nötig.[111]

Die Koordinierung der vielen verschiedenen Stromproduzenten und -speicher verlangt eine smarte Technologie: Es müssen Informationen über Stromverbrauch und Stromerzeugung gesammelt und ausgewertet werden. In diesem Bereich ist in Deutschland noch einiges zu tun, die Verteilung der für ein »Smart-Grid«, ein intelligentes Stromnetz, nötigen Stromzähler kommt nur sehr schleppend in Gang, auch die Gesetzgebung hat noch einige Lücken und die Verfolgung von Bedarf und Produktion stößt auf datenschutzrechtliche Bedenken.

Einen weiteren Weg neben der Photovoltaik, die Sonnenenergie in elektrischen Strom umzuwandeln, eröffnen Solarthermiekraftwerke. Hier wird Sonnenlicht mit Spiegeln gebündelt und zur Erhitzung einer Flüssigkeit eingesetzt, deren Dampf Turbinen antreibt. Diese Technologie besitzt einen geringeren Wirkungsgrad als die Photovoltaik-Anlagen. Die erzeugte Wärme lässt sich aber deutlich einfacher speichern als Strom, sodass etwa nachts weiterhin Turbinen angetrieben werden können und die Einspeisung des Stroms ins Netz präzise gesteuert werden kann. Außerdem können die Kraftwerke so gebaut werden, dass der Dampfprozess bei Bedarf auch mit anderen erneuerbaren Brennstoffen angetrieben werden kann. Damit sie sich wirtschaftlich tragen, ist ihr Betrieb an Standorten mit sehr vielen Sonnenstunden sinnvoll, wie zum Beispiel in Südspanien oder in Nordafrika. In Deutschland ist beispielsweise das Deutsche Zentrum für Luft- und Raumfahrt (DLR) intensiv an der Entwicklung dieser Technologie beteiligt.[112]

Entdecker und Erfinder

Doch bevor wir uns weiter der Rolle der Sonne für die Energiewende widmen, verdienen erst einmal die Entdecker und Erfinder dieser Technologie ein kleines Denkmal:[113] Der aus einer Schweizer Gelehrtenfamilie stammende Horace-Benedict de Saussure schuf im Jahr 1767 den »Helio-Thermometer«, den ersten »Sonnenofen« oder -kollektor. Saussure wusste, dass Glas Sonnenlicht absorbieren und als Wärme speichern kann. Also probierte er aus, wie warm es in einem Kasten mit mehreren übereinander geschichteten Glasscheiben werden würde. Diese »Hotbox«

erreichte bis zu 100 Grad Celsius und konnte zum Kochen von Mahlzeiten genutzt werden. 1816, als sich schon die Dampfkraft durchgesetzt hatte, erfand Robert Stirling, ein Priester der Church of Scotland, verfeinerte Hitzeöfen, die später »Stirling Engines« genannt wurden. Der französische Mathematiker Augustin Mouchot konzipierte in den 1860er Jahren eine solarbetriebene Dampfmaschine. Den entscheidenden Schritt zur heutigen Solartechnologie machte dann ein anderer Franzose, Edmond Becquerel. Nach ihm ist nicht nur die Maßeinheit Bq benannt, die anzeigt, wie aktiv eine radioaktive Substanz ist, sondern 1839 hat er im Alter von nur 19 Jahren eine photovoltaische Zelle ausgetüftelt, die grundlegend für die heutige PV-Technik ist. Fortentwickelt wurde sie auf der Basis einer Entdeckung des englischen Elektroingenieurs Willoughby Smith, der 1873 die Lichtleitfähigkeit von Selen entdeckte.[114] Selen ist ein vielfach verwendbares, in Metallsulfiderzen vorkommendes Element, das zur Ergänzung von Nahrung, Futter und Düngemitteln und heute vor allem in Halbleitern eingesetzt wird. Selen verändert bei Belichtung seinen elektrischen Widerstand und kann, wenn es Licht ausgesetzt wird, Strom produzieren. Das war der Durchbruch zu einer Technik, mit der ein Feststoff Licht ohne den Umweg über Wärme oder kinetische Energie direkt in elektrische Energie wandeln kann, und der erste Schritt in Richtung der Solarzelle, die als Erster der New Yorker Erfinder Charles Fritts baute. Die deutschen Physiker Heinrich Hertz, Wilhelm Hallwachs und Albert Einstein vertieften das Verständnis der Wechselwirkung von Licht und Festkörpern; als Hallwachs-Effekt wird bezeichnet, dass bei Bestrahlung mit kurzwelligem Licht aus der Oberfläche eines Metalls (wie Kupfer) Elektronen herausgelöst werden.

Auf dieser Grundlage ging die Solarenergie in die technische Anwendung, wie bei dem »solar water heater«, den der amerikanische Erfinder Clarence Kemp 1891 in Baltimore zum Verkauf anbot. Energie-Pioniere waren jetzt Ingenieure und Unternehmer, darunter die ungarisch-amerikanische Biophysikerin Mária Telkes, die anders als ihre männlichen Kollegen weitgehend vergessen wurde. Sie forschte bei der Firma Westinghouse, am MIT und im Office of Scientific Research and Development (Büro für wissenschaftliche Forschung und Entwicklung der US-Regierung), wo sie während des Zweiten Weltkriegs eine Methode zur Nutzung der Sonnenstrahlen zur Entsalzung von Wasser erfand. 1953 stellte die Firma Bell Labs die ersten PV-Paneele auf Siliziumbasis her, die mit einem Wirkungsgrad von etwa 4 Prozent Strom erzeugen konnten.[115] Die erste serienreife Solarzelle entwickelte das US-Forschertrio Gordon Pearson, Calvin Fuller und Darryl Chapin im Jahr 1954, eine Silizium-Photovoltaikanlage, die als Erste genügend Sonnenenergie in Strom umzuwandeln fähig war, um elektrische Motoren und Geräte zu betreiben.[116] Für eine breite Anwendung war die Solartechnologie noch nicht ausgereift genug. Aber sie wanderte 1958 mit dem Satelliten Vanguard I der NASA erstmals in den Weltraum. Der aus Tschechien ausgewanderte Peter Glaser erdachte daraufhin Satelliten, um Solarenergie mithilfe von Mikrowellen auf die Erde zu strahlen; 1973 patentierte er Pläne für den ersten Solarstromsatelliten und plante außerdem ein Solarkraftwerk, das in einer geostationären Umlaufbahn in 36 000 Kilometern Höhe über dem Äquator installiert werden sollte, um das Sonnenlicht fast ohne Unterbrechung durch den Tag-Nacht-Wechsel nutzen zu können.[117] Diesen Pionieren der ersten Stunden, die Photovoltaikmodule und Halbleiter entwickelt und Anwendungen im Weltall ausgedacht hatten, folgten ab den 1970er Jahren viele weitere Ingenieure, Wissenschaftler und Unternehmer, die zur Verbilligung und Kommerzialisierung und damit zur weiteren Verbreitung der Solarenergie beitrugen.

Ein Siegeszug mit (politischen) Hürden

Derzeit sind Erneuerbare und zuletzt vor allem die Photovoltaik weltweit auf dem Vormarsch. Laut einer Studie des Thinktanks Ember wurden 2023 weltweit 23 Prozent mehr Solarstrom produziert als im Vorjahr, 30 Prozent des global erzeugten Stroms stammten aus erneuerbaren Energiequellen;[118] der aktuelle Zubau neuer Kapazitäten im laufenden Jahrzehnt ist weiterhin enorm, sodass im Jahr 2027 die Solarenergie die Kohlekraft als größte Energiequelle des Planeten überholen kann. Die jüngste Entwicklung, ein Zusammenspiel von unbeabsichtigten Effekten des Ukraine-Kriegs, staatlichen Infrastrukturprogrammen und kostensenkenden technischen Innovationen, verspricht für die Solarenergie das Erreichen der Marke von einem Drittel der globalen Energieerzeugung schon in wenigen Jahren. Binnen der letzten zwei Dekaden ist der Anteil fossiler Energieproduktion bereits rapide gesunken, als Resultat eines beachtlichen Kurswechsels der Energiepolitik und der Konsumenten. Ein neues goldenes Zeitalter ist damit aber noch nicht angebrochen: Auch die Produktion und Distribution von Solarenergie verbraucht natürliche Ressourcen, und sogenannte Rebound-Effekte sind möglich, nach dem Denkmuster: Ich tanke/heize/kühle/fahre »solar« und kann mir deshalb an anderer Stelle die Vergrößerung meines ökologischen Fußabdrucks erlauben.[119]

Solarenergie ist in so gut wie allen Regionen der Welt verfügbar und erlaubt Unabhängigkeit von Importen fossiler Energien oder fossil erzeugten Stroms.[120] Die mittlere, auf eine horizontale Fläche strahlende Energie ist dabei sehr unterschiedlich verteilt. In Mitteleuropa beträgt sie um die 1000 Kilowattstunden (kWh) pro Quadratmeter und Jahr und in der Sahara etwa 2350 kWh pro Quadratmeter und Jahr.[121] Was keineswegs bedeutet, dass Solarenergie dort automatisch häufiger genutzt wird als in relativ sonnenarmen Breiten. Nicht Strahlungsintensität und Einfallswinkel haben nämlich bisher die Opportunität von Solarenergie bestimmt, sondern politisch-kulturelle Pfadabhängigkeiten und politisch-soziale Konstellationen, also Gewohnheit und Macht. Auch im »aufgeklärten« Mitteleuropa bedurfte es bekanntlich einer sehr langen Überzeugungsarbeit und erheblicher wirtschaftlicher Anreize.

Ausschlaggebend für den Erfolg der Solarenergie waren schließlich nicht nur Wissenschaft und Technik, sondern Protagonisten im politisch-administrativen System, wie um 1990 die Förderung des 1000-Dächer-Programms in Bayern, dem um die Jahrtausendwende ein 100 000-Dächer-Programm folgte. *Der* politische Pionier im Nachkriegsdeutschland war der SPD-Abgeordnete Hermann Scheer. Einmal hat sich der studierte Politologe geirrt. In den 1990er Jahren gehörte er zu den Sozialdemokraten, die der Meinung waren, das »Hegemonialbündnis« NATO würde Russland demütigen, seine atomare Abrüstungsbereitschaft unterlaufen und Europa unter US-amerikanischer »Vormundschaft« halten. Er gehörte damit aber nicht zu den Entspannungspolitikern, die Deutschland in eine Abhängigkeit von russischem Erdgas brachten. Vielmehr war er der markanteste und damals auch in seiner Partei verkannte Protagonist erneuerbarer Energien, der vor allem auf Solarenergie setzte und diese in mehreren Streitschriften[122] und als sozialökologischer Aktivist gegen alle Widerstände propagierte. Sein Antrieb waren die

Infragestellung der Nukleartechnologie und die Sorge vor dem Atomstaat, den er mit einer dezentralen Energiepolitik und mehr Bürgerbeteiligung abwenden wollte. Damit thematisierte er den Konnex zwischen Technologie und Politik, der den Bürgern bei den Erneuerbaren mehr Autonomie zugestand. Scheer sind viele Solar-Pioniere gefolgt. Ölkrisen und Atomunfälle verschafften ihnen mehr Akzeptanz, der erste Durchbruch kam unter der rot-grünen Regierungskoalition, was weniger dem Kanzler Schröder als seinem Umweltminister Jürgen Trittin zu verdanken ist, der 2000 das EEG (Erneuerbare-Energien-Gesetz) auf den Weg brachte. Dieses international vorbildliche Gesetz wurde seither mehrfach novelliert, erlaubt im Kern die bevorzugte Einspeisung von Strom aus erneuerbaren Quellen ins Stromnetz und garantiert seinen Erzeugern feste Einspeisevergütungen.

Doch dann erfolgte ein Kurswechsel, der weniger vernunft-, als vielmehr ideologiegetrieben erschien. Ein Wirtschaftsjournalist schrieb am 26. Juni 2011 unter der Schlagzeile »Der große Schwindel mit der Solarenergie« in der *Welt*:

> Die Solarenergie kostet die Verbraucher Jahr für Jahr hohe Milliardenbeträge, verteuert den Klimaschutz, lässt sich nicht wirtschaftlich speichern und fällt in mehr als der Hälfte des Jahres fast komplett aus. Auch industriepolitisch ist die Solarförderung ein gewaltiger Schuss in den Ofen: Bereits mehr als 70 Prozent der in diesem Jahr in Deutschland verbauten Solarmodule stammen aus Asien.

Daraufhin brach ein regelrechter Meinungskampf zwischen solarfreundlichen Öko-Instituten und jenen aus, die der fossilen Branche näherstanden (wie das RWI – Leibniz-

Institut für Wirtschaftsforschung in Essen). Das Resultat war ein faktisches Moratorium der Bundesregierung zu Beginn der 2010er Jahre – und eine selbsterfüllende Prophezeiung: Nach dem massenhaften Konkurs deutscher Hersteller kommen Halbleiter und PV-Anlagen heute tatsächlich überwiegend aus dem Fernen Osten. Der Ära Merkel, bei vielen Deutschen aufgrund der abgeschalteten Atomkraftwerke in verklärter Erinnerung, hat Deutschland eine verpasste Transformation und im Übrigen eine fatale Russland-Abhängigkeit zu verdanken. Kritikern galt die Solar-Förderung als markt- und technikfeindlich, auch wurden Ausnahmeregelungen für die Industrie kritisiert. Und so wurden die Präferenzen und Anreize für Erneuerbare Stück für Stück zurückgefahren und die in Deutschland partiell schon bis zur Weltmarktführerschaft gereifte Solarindustrie in einer Mischung aus interner Missachtung und äußerem Konkurrenzdruck vor allem aus der VR China regelrecht an die Wand gefahren. Der jährliche Zubau sank von 2012 bis 2015 von 8 auf 2 Gigawatt. Um 2013 erfasste die Branche eine Pleitewelle, die Zahl der Beschäftigten, viele davon in ostdeutschen Standorten, stürzte von 130 000 (2010) auf ganze 30 000 (2016) ab. Firmen wie Conergy, Q-Cells, Solon, Phoenix Solar oder Solarworld wurden insolvent oder aufgekauft.[123] »Es war einmal ein grüner Traum«, titelte die *Süddeutsche Zeitung* am 4. April 2012 anlässlich der Pleite des Solarzellenherstellers Q-Cells. Chinesische Firmen, gezielt unterstützt durch die Regierung, drängten auf den Weltmarkt, für den sie heute neun von zehn Solarmodulen herstellen.

Die meisten Abkanzlungen der Solarindustrie haben sich unterdessen als Vor- und Fehlurteile erwiesen, die durchaus bestehenden Schwächen waren eher Resultat falscher Weichenstellungen oder entpuppen sich relational, das heißt im Blick auf die klimatischen und gesundheitlichen Effekte oder auf solide Kosten-Nutzen-Abwägungen als weitgehend gegenstandslos. Ein Gutachten des Fraunhofer-Instituts für Solare Energiesysteme ISE kam 2011 nach einem Durchgang durch populäre Vorurteile evidenzbasiert zu folgenden Schlüssen:[124]

Photovoltaik trägt relevant zur Stromversorgung bei; im Vergleich der Stromentstehungskosten von neuen Kraftwerken verschiedener Technologien schneidet PV sehr günstig ab; die Subventionierung ist aus Gründen der Transformation akzeptabel, speziell im Blick auf die anachronistische Subventionierung von Kohle- und Atomstrom; PV-Strom ist kein Privileg von Eigenheimbesitzern; ebenso wenig exportiert Deutschland massiv PV-Strom ins europäische Ausland; auch kleine PV-Anlagen erbringen attraktive Renditen; falsch ist, dass die PV-Branche nur Arbeitsplätze in Asien erzeugt, vielmehr wurden Arbeitsplätze in Deutschland abgebaut; eine Überlastung des Stromnetzes durch PV ist selten; volatiler Solarstrom gefährdet die Versorgungssicherheit nicht; in Deutschland bestehen genügend Flächen für PV, ohne nennenswerte Konflikte mit der Landwirtschaft oder dem Naturschutz; PV-Kraftwerke werden in der Bevölkerung überwiegend akzeptiert; PV-Anlagen sind nicht nur auf optimal ausgerichteten Dächern wirtschaftlich; die Produktion von PV-Modulen erfordert nicht mehr Energie, als diese liefern können; PV-Module können blenden und verschmutzen und enthalten toxische Substanzen, sie können wie alle elektrischen Anlagen Brände auslösen (wobei alle Risiken beherrschbar sind); PV bietet einen essenziellen Beitrag zur Energiewende. Diese Bilanz wurde in einem jüngsten Gutachten weitgehend bestätigt.[125]

In einem für die deutsche Energiepolitik typischen Schlingerkurs stiegen die Umsätze und Gewinne in den letzten Jahren wieder an, wie bei dem Solartechnikhersteller SMA Solar Technology, der die Krise vor zehn Jahren überlebt hat. Im Geschäftsjahr 2022 erwirtschaftete SMA einen Umsatz von mehr als einer Milliarde Euro bei einem historisch hohen Auftragsbestand und plante, die Produktionskapazität bis 2024 zu verdoppeln und rund 200 neue Arbeitsplätze zu schaffen.[126] Der Aktienkurs ist zwischenzeitlich auf ein Allzeithoch gestiegen. Die Demontage der deutschen Solarindustrie war ein teurer Irrweg, der von marktwirtschaftlicher Ideologie sowie geowirtschaftlicher und geopolitischer Naivität getrieben war. Unter der aktuellen Ampelkoalition soll der Anteil Erneuerbarer Energien am Bruttostromverbrauch bis 2030 auf 80 Prozent steigen; das erfordert nach Projektionen des Bundesministeriums für Wirtschaft und Klimaschutz eine Verdreifachung des PV-Ausbaus auf 22 Gigawatt im Jahr 2026.[127]

Doch setzte sich unter dem Druck der FDP der Schlingerkurs der deutschen Solarpolitik fort. Gut ausgelastete und ausbauwillige Hersteller wie das US-Unternehmen Meyer Burger und die Dresdner Firma Solarwatt machten dicht oder fuhren ihre Produktion zurück, weil die VR China mit Dumpingpreisen weiterhin den europäischen Markt flutet.[128] In der marktradikalen Lehre ist es gleichgültig, woher Photovoltaikanlagen kommen, und verboten, in Deutschland hergestellte Produkte zu subventionieren. Dabei besteht die Verzerrung fairen Wettbewerbs genau in der Subventionspolitik des chinesischen Staatskapitalismus, dessen *politisches* Ziel die Abhängigkeit anderer Weltmarktteilnehmer durch den Ausbau ihrer Monopolstellung ist. Zum anderen sind in die aus China importierten Produkte CO_2-intensive kohlebasierte Herstellungsverfahren eingegangen. Ein industriepolitischer Schutzschirm gegen die politisch-ökonomische Strategie der VR China ist also durchaus berechtigt, im »Solarpaket I« aber erst ab 2026 vorgesehen. Offenbar hat die deutsche Regierung nichts aus der früheren Abhängigkeit von russischem Gas gelernt, das als ökologisch sinnvolle Übergangstechnologie gelabelt wurde.

Innovationen sind nötig

Worin Kritiker der Solarenergie meist ungewollt Recht haben: Auch Erneuerbare bieten keine absolut saubere Ideallösung in der Energiepolitik und erst recht keine einfache mentale Loslösung vom Jahrhunderte währenden fossilen Entwicklungspfad und Lebensstil. Die jüngere Vergangenheit hat auch die Volatilität der Herstellung von und Versorgung mit Sonnenenergie gezeigt, die von der Entwicklung des Weltmarktes wie von der staatlichen und supranationalen Energiepolitik abhängt. Mit dem Ukraine-Krieg ist aber schlagartig ins allgemeine Bewusstsein getreten, wie hoch die Abhängigkeit von fossilen Ressourcen ist und wie teuer und inflationstreibend diese sind. Mehr und mehr Verbraucher schauen sich daher nach Erneuerbaren um, wobei die Paneele auf dem Dach die schnellstbeste Lösung zu sein scheinen. Energieberater sind gefragt, potenzielle Käufer sehen sich in Messen, Läden und Ausstellungen um. Folgen wir ihnen im Blick auf die weiterhin gebotenen Innovationen der Solarbranche, die einigen Herausforderungen gegenübersteht:

- Photovoltaik muss preisgünstiger und installationsfreundlicher werden;
- der Wirkungsgrad von Solarzellen muss erhöht werden;
- der Platzbedarf auf Hausdächern und für Solarparks muss verringert werden;
- Solaranlagen müssen umweltfreundlicher werden.

An Lösungen wird in Forschungsinstituten und bei Anbieterfirmen gearbeitet. Aktuelle Solarzellen und -anlagen sind schon relativ preisgünstig, zuverlässig, robust, reparaturfreundlich und einfach zu handhaben. Auch an einer Steigerung des Wirkungsgrades wird geforscht: Der Anteil der einfallenden Sonnenenergie, der in Strom umgewandelt wird, soll möglichst immer größer werden. Die meisten Solarzellen bestehen aus Silizium und existieren in zwei Varianten: monokristallin und polykristallin. Erstere bestehen aus einem einzigen Siliziumkristall und sind teurer, polykristalline sind die gängigen blauen Paneele, bei denen mehrere Kristalle verschmolzen sind. Die besten monokristallinen Solarzellen erreichen im Labor einen Wirkungsgrad von knapp 27 Prozent. Das ist kein schlechter Wert, denn der maximale theoretische Wirkungsgrad liegt bei rund 30 Prozent.[129]

Noch höhere Wirkungsgrade lassen sich durch die Kombination von Siliziumzellen mit anderen Halbleiterschichten erreichen. Die dahinterstehende Idee hat wiederum damit zu tun, dass Solarzellen je nach Material (genauer: je nach Breite der Lücke zwischen Valenz- und Leitungsband) nur einen bestimmten Teil des Sonnenspektrums nutzen. Silizium setzt vor allem infrarote und rote Wellenlängen in Strom um. Perowskite dagegen, bestimmte Minerale mit besonderer Kristallstruktur, nutzen stärker den sichtbaren grünen und blauen Spektralbereich. 2023 konnten zwei Forschungsgruppen durch die Kombination von Silizium mit einer Perowskit-Schicht im Labor Wirkungsgrade von mehr als 30 Prozent erreichen.[130]

Perowskite haben als Material für Solarzellen ohnehin einige besondere Vorteile: Sie lassen sich leichter als Silizium bei Raumtemperatur verarbeiten, sie sind günstig und relativ robust gegenüber Verunreinigungen. In den vergangenen Jahren konnte der Wirkungsgrad von

Perowskit-Zellen im Labor immer weiter bis auf 26 Prozent erhöht werden.[131] Perowskite können mit herkömmlichen Drucktechniken beispielsweise auch auf Folien aufgetragen und damit leicht an Gebäuden, auf Autos, Fahrbahnen und sogar auf Bekleidung angebracht werden. Ihr Nachteil gegenüber Silizium ist bisher allerdings noch eine geringere Haltbarkeit im Kontakt mit Feuchtigkeit und Hitze. An einer gesteigerten Flexibilität wird aber auch bei Siliziumzellen gearbeitet: Mittlerweile gelingt es durch eine gezielte Bearbeitung der Materialstruktur, Silizium-basierte Zellen roll- und faltbar zu machen. Im Labor wurde für diese Zellen schon ein Wirkungsgrad von 24 Prozent erreicht.[132]

Ein weiteres noch ungelöstes Problem von Solarzellen ist, dass sie gefährliche Stoffe wie Salzsäure, Schwefelsäure, Salpetersäure, Fluorwasserstoff und Galliumarsenid enthalten. Wenn diese bei Beschädigung oder Entsorgung aus den Paneelen freigesetzt werden, können sie die Umwelt vergiften.[133] Eine Lösung könnten selbstreparierende Solarzellen sein, die ein Auslaufen der Chemikalien verhindern und überdies die Unterhaltskosten senken sollen, sowie eine Verbesserung des Recyclings.[134] Eine Alternative wären organische Solarzellen, die ebenfalls immer besser werden. 2023 veröffentlichten chinesische Wissenschaftler eine Studie, in der sie mit organischen Solarzellen einen Wirkungsgrad von mehr als 19 Prozent erreichten.[135]

Neben den vielen technischen Herausforderungen, gibt es aber auch soziale: Der Ausbau der Erneuerbaren ist nicht selten Anlass für Streitfälle, die man als Grün-Grün-Konflikte bezeichnen könnte. Sie führen die intrikaten Widersprüche jeder Energiewende vor: Größere Solarparks haben einen hohen Platzbedarf, oft in Konkurrenz zu landwirtschaftlichen oder naturbelassenen Flächen.

Generell gilt: Die besten Standorte sind, da Solaranlagen wenig Süßwasser benötigen, Wüstenflächen oder Ozeane und Seen, die mit schwimmender PV ausgestattet werden. Im thailändischen Sirindhorn sind auf einem Stausee über 144 000 Solarmodule installiert, die eine Gesamtleistung von 58,5 Megawatt haben. Da bei Erneuerbaren gern von »ernten« die Rede ist, fragt sich hierzulande, welche verträglichen Kombinationen von Landwirtschaft und Solarstromerzeugung auf sogenannten Agrovoltaik-Farmen möglich sind, die Nahrungsmittel wie auch Elektrizität herstellen. Das Problem ist die Verschattung, doch wenn etwa röhrenförmige Solarpaneele gitterweise über bestehenden Pflanzen angebracht werden, können Luft, Wasser und Sonnenlicht weiterhin zu den darunterliegenden Pflanzen gelangen. Zugleich bietet die Anordnung den Pflanzen Schutz vor Extremwetter. Im aktuellen Bericht des Wissenschaftlichen Beirats der Bundesregierung Globale Umweltveränderungen (WBGU) zur Förderung der Biodiversität ist die Kombination von Photovoltaik und Landschaftsgestaltung in »multifuktionalen Flächenmosaiks« bereits mitgedacht.[136]

Die solare Wende findet also aktuell zunehmend Eingang in die Planung unserer Städte und Landschaften. Sie könnte aber auch weit darüber hinaus in den erdnahen Weltraum hineinwirken, denn auch die Überlegungen der ersten Solarpioniere, Photovoltaikanlagen im Weltraum zu nutzen, erfahren eine Renaissance. Der Vorteil liegt auf der Hand: Im Orbit könnte man die Flächen so ausrichten, dass sie ohne atmosphärische Verluste permanent beschienen werden. Angesichts stark gesunkener Hardwarekosten und der jüngsten Entwicklungen der privaten Raumfahrtindustrie mit ihren zunehmend preiswerten Raketenstarts erscheinen die lange illusorisch wirkenden Pläne großer Solarpaneele im Weltraum vielen gar nicht mehr so unrealistisch. Weltweit arbeiten Forschungsteams an entsprechenden Versuchen. Das California Institute of Technology in Pasadena hat im Januar 2023 einen ersten Prototyp »Space Solar Power Demonstrator« (SSPD-1) im All getestet und demonstriert, dass die Übertragung von Energie aus dem All auf die Erde im Prinzip funktioniert.[137]

Auch die europäische Weltraumorganisation ESA betreibt ein eigenes Programm, genannt »Solaris«, um diese weltraumbasierte Variante der Photovoltaik zu realisieren. Ersten Kosten-Nutzen-Studien zufolge könnte weltraumbasierte Solarenergie bereits 2040 zu einer wichtigen Säule der europäischen Stromversorgung werden. Auf der Grundlage von zwei 2023 durchgeführten Pilotstudien[138] sollen nun zunächst Vorteile und Risiken der Technologie ausgelotet werden, um dann bis Ende 2025 eine fundierte Entscheidung treffen zu können, ob die Vorstudien in ein großes Projekt kommerzieller Größenordnungen überführt werden sollen. Für die Übertragung der Energie aus dem All auf die Erde sollen dabei neben den Mikrowellen auch Laser getestet werden. Ähnliche Projekte sind in Japan und Großbritannien in Planung. Insbesondere China scheint in der Entwicklung entsprechender Übertragungstechnologien weit fortgeschritten zu sein. Auf der Erde wurden diese bereits intensiv getestet, für 2028 ist eine entsprechende Weltraummission geplant.[139]

Allerdings rentiert sich die Technologie nur, wenn sie in großem Maßstab umgesetzt wird.[140] Entsprechende Paneele müssten einen Quadratkilometer groß sein, um ein Gigawatt an Leistung zu produzieren. Auch andere Designs, etwa ein wabenförmiger Aufbau, werden diskutiert, aber in jedem Fall müssten die Anlagen im Orbit montiert werden, was eine gewaltige Herausforderung wäre. Auch die Empfänger auf der Erde würden große Flächen beanspruchen. Zudem sind bei den mehrfachen

Abb. 22: Durch den Ausbruch des Vulkans Pinatubo gelangten im Jahr 1991 20 Millionen Tonnen Schwefeldioxid in die Stratosphäre

Umwandlungsprozessen (Sonnenstrahlung – Strom – Mikrowellenstrahlung – Strom) im Zuge der Übertragung der gewonnenen Energie auf die Erde hohe Verluste zu erwarten. Noch sind die Akteure trotzdem optimistisch, dass weltraumbasierte Solarenergie entscheidend dafür sein könnte, die weltweite Energieversorgung in naher Zukunft emissionsfrei gestalten zu können. Ob diese Technologie aber wirklich mit lokalen Energiegenossenschaften, nahe an den Verbrauchern in der Nachbarschaft, wird konkurrieren können, bleibt fraglich.

Solares Geoengineering: die Sonne manipulieren

Der Klimawandel hat unsere Perspektive auf die Sonne zunehmend verändert. Die Sommer werden heißer, Dürren und langlebige Hitzewetterlagen sind wiederkehrende

Bestandteile unseres Alltags geworden – medial wie in unserem eigenen Erleben. Indem die durch unsere Treibhausgasemissionen in ihrem thermischen Gleichgewicht gestörte Erde immer wärmer wird, erscheint die Sonne zunehmend bedrohlich. Die jährlichen Durchschnittstemperaturen sind mittlerweile nicht mehr weit entfernt von dem Wert von 1,5 Grad Celsius über dem Mittel der Vergleichsjahre 1910 bis 2000. Und obwohl sich 2015 im Pariser Klimaabkommen 195 Staaten darauf verständigt haben, den Temperaturanstieg bis 2030 möglichst auf diesen Wert, auf jeden Fall aber auf deutlich unter zwei Grad Celsius zu begrenzen, steigen die jährlichen Kohlendioxidemissionen nach einem kurzen pandemischen Einbruch weiterhin, anstatt zu sinken.

Ein Überblicksartikel der kanadischen Klimawissenschaftler Damon Matthews und Seth Wynes im angesehenen Journal *Science* kam dementsprechend im Sommer 2022 zu dem Fazit, dass die globalen Anstrengungen nicht darauf hindeuten, dass das 1,5-Grad-Ziel eingehalten werden kann. Im Gegenteil: Einige modellbasierte Schätzungen legten demnach sogar den Schluss nahe, dass bereits die bis 2020 emittierten Mengen von CO_2 ausreichen, um die 1,5-Grad-Grenze zu reißen, das Überschreiten also nicht mehr aufzuhalten ist. Und selbst wenn man die optimistischeren Rechnungen zugrunde legt, denen gemäß es nach wie vor Spielraum zur Einhaltung der Grenzen gibt: Dieser Spielraum löst sich schnell in Luft auf, wenn man die von existierender Infrastruktur künftig zu erwartenden Emissionen berücksichtigt. »Kraftwerke, industrielle Infrastruktur, Schiffe, Flugzeuge und Landverkehrsmittel sind alles Beispiele für teure, fossile Brennstoffe verbrennende Infrastruktur, deren zu erwartende Lebensspanne eine bestimmte Menge schon festgelegter Emissionen ergibt«, heißt es in dem Artikel.[141] Wenn man diese Emissionen berücksichtige, seien wir schon längst über der Pariser Grenze, egal wie sehr wir jetzt noch unsere Treibhausgasemissionen einschränken. »Experten sind pessimistisch, dass das 1,5-Grad-Ziel eingehalten wird, und sofern es nicht einen massiven Umbruch hinsichtlich der gegenwärtigen Normen, Praktiken und Technologien gibt, werden sie recht behalten«, schreiben Matthews und Wynes.[142]

Sind wir dem Klimawandel also mittlerweile schlicht ausgeliefert, weil wir nicht in der Lage sind, die nötigen soziopolitischen Anpassungen vorzunehmen, die eine Einhaltung der Emissionsziele erlauben würden? In der Wissenschaft gibt es schon seit vielen Jahrzehnten eine Idee, die für diesen Fall eine Art Lösung verspricht – eine Strategie, die Klimaerwärmung aufzuhalten oder gar rückgängig zu machen, unabhängig von einer Reduzierung der Treibhausgasemissionen: solares Geoengineering, das heißt der Versuch, aktiv den Einfluss der Sonne auf die Erde einzupegeln wie bei der Temperaturregelung einer Heizung.

Eine umstrittene Strategie

Vorgeschlagen wurde das bereits 1965 in einem Bericht mit dem Titel »Restoring the Quality of Our Environment«, geschrieben vom wissenschaftlichen Beratungsgremium des Präsidenten der Vereinigten Staaten Lyndon Johnson. Der Anhang Y4 befasste sich mit dem Problem von atmosphärischem Kohlendioxid. Dass dessen zunehmende Konzentration ein Problem werden würde, war schon damals klar: »Durch seine weltweite industrielle Zivilisation betreibt der Mensch unwissentlich ein gigantisches geophysikalisches Experiment. Innerhalb weniger Generationen verbrennt er fossile Brennstoffe, die sich in der

Erde langsam während der vergangenen 500 Millionen Jahre angesammelt haben.«[143] Den damaligen Schätzungen zufolge könne das ausreichen, um einen fast 200-prozentigen Anstieg des CO_2-Gehalts in der Atmosphäre hervorzurufen.

Als Folgen prognostizierte der Bericht aus dem Jahr 1965 höhere Temperaturen, Schmelzen der antarktischen Eiskappe, Anstieg der Meeresspiegel, Erwärmung der Meere, Versauerung von Süßwasser und gesteigerte Photosynthese. »Die Möglichkeiten, absichtlich ausgleichende Klimaänderungen herbeizuführen, müssen daher gründlich erforscht werden.«[144] Welche Möglichkeiten das sein könnten, wird ebenfalls beschrieben: Man müsse das Strahlungsgleichgewicht verändern, indem man die Reflektivität der Erde verändert, etwa durch Ausbringung kleiner reflektierender Teilchen auf der Oberfläche der Ozeane. Das sei sogar vergleichsweise preiswert: Für 500 Millionen Dollar pro Jahr könnte man die Reflektivität bereits um ein Prozent verändern. Und eine weitere alternative Idee wird genannt: Auch die Manipulation hoher Cirruswolken müsse als mögliches Werkzeug für die Modifikation des Klimas erforscht werden.

Die Idee, die Meere zu gigantischen Spiegeln zu machen, wurde aus naheliegenden Gründen nicht weiterverfolgt. Aber in den 1970er Jahren formulierte der russische Klimaforscher Michail Iwanowitsch Budyko eine andere Strategie:[145] Aerosole in der Stratosphäre zu platzieren würde genauso Sonnenstrahlung zurück ins All werfen und damit die Erderwärmung aufhalten. Mit 200 000 Tonnen Schwefel, so schätzte er, könne die Temperaturzunahme rückgängig gemacht werden, die zwischen 1920 und 1940 eingetreten war. Im Prinzip könne man das bewerkstelligen, indem man Treibstoffen von Stratosphärenflugzeugen Schwefel zusetzt, sodass die Abgase zur Bildung der gewünschten Aerosole beitragen. Solch ein Plan könnte wichtig werden. Denn: »In naher Zukunft wird die Modifizierung des Klimas notwendig werden, um die aktuellen Klimabedingungen beizubehalten.«[146] Sofern man sich einig sei, dass diese Modifikation eine theoretische Möglichkeit darstellt, sei es gar obligatorisch, einen entsprechenden Plan zur Ausführung zu entwickeln, so Budyko.

Die Forschung zu diesem Thema des solaren Geoengineerings traf auf einige Skepsis und entwickelte sich entsprechend langsam. Ende der 1990er Jahre unter anderem vom Entwickler der Wasserstoffbombe Edward Teller vorangetrieben, wurden erst im Jahr 2000 der erste Überblicksartikel[147] und die erste begutachtete Simulation[148] zu diesem Thema veröffentlicht. Die wissenschaftliche Community, so ist immer wieder zu hören, hatte sich zumindest teilweise einem selbstgewählten Moratorium unterworfen – einerseits, weil die Risiken des solaren Geoengineerings schwer einzuschätzen waren, andererseits weil befürchtet wurde, die Entwicklung eines »Plan B« im Kampf gegen den Klimawandel würde vom »Plan A« – der Reduktion von Treibhausgasemissionen – ablenken.

Zumindest in der öffentlichen Wahrnehmung änderte sich das 2006. Da publizierte der Chemie-Nobelpreisträger Paul Crutzen einen Aufsatz in der Zeitschrift *Climatic Change*. Crutzen hatte das Ozonloch erforscht und besaß als Kämpfer für eine wirksame und nachhaltige Klimapolitik eine besondere moralische Glaubwürdigkeit. In seinem Essay beschrieb er ein Dilemma der aktuellen Umwelt- und Klimapolitik: Die gesundheitsschädliche Verschmutzung der Luft mit Schwefeldioxid leiste durch die Rückstreuung eines Teils der Sonnenstrahlung einen Beitrag dazu, die Erderwärmung aufzuhalten. Bestrebungen, die Luftqualität zu verbessern, um vorzeitige Todesfälle durch Lungenschädigungen zu minimieren, trügen daher zum Klimawandel bei. Der »bei weitem zu bevorzugende Weg« aus diesem Dilemma sei es, die Emission von Treibhausgasen einzuschränken. Wenn dies aber nicht gelänge, müsse »die am wenigsten beste Lösung« in Betracht gezogen werden: künstlich das Rückstrahlvermögen der Erde zu erhöhen, um so durch das zurückgeworfene Sonnenlicht die Erwärmung zu bremsen. Dies könne dadurch erreicht werden, dass Sulfate in die Stratosphäre gebracht werden, die dann teilweise zu Aerosolen reagieren, welche Sonnenstrahlen reflektieren.[149]

Dass diese Strategie grundsätzlich funktioniert, konnte man immer wieder bei mächtigen Vulkanausbrüchen verfolgen, etwa bei dem des philippinischen Vulkans Pinatubo 1991, der 20 Millionen Tonnen Schwefeldioxid in die Stratosphäre blies, das dort mit Staub und Wasser zu Aerosolen reagierte. Die globale Durchschnittstemperatur fiel dadurch im auf den Ausbruch folgenden Jahr um 0,5 Grad Celsius geringer aus. Danach stieg sie allerdings schnell wieder, denn die Aerosole verbleiben nur ein bis zwei Jahre in der Atmosphäre. Wenn man die Methode dazu nutzen wollte, der Klimaerwärmung dauerhaft entgegenzuwirken, müsste man also für stetigen Nachschub sorgen. Crutzen zitiert zur Abschätzung der Kosten einen Wert der National Academy of Sciences von 1992: 25 Milliarden Dollar pro Jahr. Heute geht man von wenigen Milliarden Dollar aus – im Vergleich zu den zu erwartenden Kosten, die durch den Klimawandel verursacht werden, ist das eine überaus kleine Summe.

Crutzen bewirkte damals eine deutliche Mobilisierung der Forschungscommunity, nicht nur im Feld des Geoengineerings, sondern weit darüber hinaus auch in den Politik-, Sozial- und Geisteswissenschaften. Das führte außerdem zu einer Intensivierung der kontrovers geführten Debatte über die zu erwartenden Folgen des solaren Geoengineerings. 2008 veröffentlichte der amerikanische Klimaforscher Alan Robock einen Artikel mit 20 Gründen, warum Geoengineering eine schlechte Idee sei, denn die Frage sei ja keineswegs geklärt: Wäre eine solche Therapie des Klimawandels wirklich besser als das Problem selbst?[150]

Als Argumente, die dagegen sprächen, führt Robock unter anderem an, dass die Reaktionen auf solares Geoengineering lokal sehr unterschiedlich ausfallen können. Auch nach dem Ausbruch des Pinatubo seien regionale Niederschlagsmuster deutlich gestört worden, insbesondere waren der asiatische und der afrikanische Monsun weniger stark ausgefallen. Solares Geoengineering könnte dementsprechend in diesen Regionen zu Dürren führen. Dass solares Geoengineering den globalen Wasserkreislauf abschwächen würde, stützen mittlerweile auch Computersimulationen. Ein weiterer Makel: Ein solcher Eingriff würde nichts am Problem der Versauerung der Meere ändern. Sulfathaltige Aerosolpartikel schädigen außerdem die Ozonschicht, Pflanzen und Tiere leiden unter veränderter Sonneneinstrahlung und es kann zu Ernteausfällen kommen; die Wolkenbildung könnte durch die Aerosole beeinflusst werden, der Himmel würde weißlich, Solaranlagen hätten eine geringere Ausbeute. Auch wenn solares Geoengineering von Verfechtern der Methode gerne als »Medikament« oder »Schmerzmittel« gegen den Klimawandel bezeichnet wird, ist klar: Eine Anwendung würde nicht dazu führen, den Klimawandel rückgängig zu machen. Das resultierende Klima wäre laut Robock ein grundsätzlich anderes als eines mit gleicher globaler Durchschnittstemperatur ohne Klimawandel.[151]

Ein anderes potenzielles Problem liegt in der Tatsache, dass das solare Geoengineering dauerhaft betrieben werden müsste. Da sich an der hohen Kohlendioxidkonzentration in der Atmosphäre nichts ändern würde, käme es sofort zu einer sprunghaften Erwärmung, sobald die Verdunkelung der Sonne nicht weitergeführt würde. Ein solcher »termination shock« könnte katastrophalere Wirkungen haben als ein langsamer Klimawandel. Dazu kommen die geopolitischen Probleme und Konflikte, die sich aus der Anwendung von solarem Geoengineering ergeben könnten: Wer entscheidet? Wie kompensiert man regionale Nachteile? Wie verhindert man menschliches Versagen? Könnte die Technologie auch als Waffe eingesetzt werden? Und schließlich: Was sind die unbekannten Risiken, an die man heute nicht einmal denkt?

Alle diese möglichen Probleme, zusammen mit dem »moralischen Risiko«, dass eine Ausarbeitung der Strategie den eigentlichen Kampf gegen den Klimawandel behindern und von Vertretern der fossilen Brennstoffindustrie instrumentalisiert werden könnte, führten auch nach 2006 dazu, dass die Investitionen in dieses Forschungsfeld auf einem geringen Niveau verblieben. 2017 beklagten die Klimawissenschaftler Ken Caldeira und Govindasamy Bala, dass die weltweiten Forschungsmittel ein paar Millionen Dollar nicht überschritten. Sofern sich daran nichts ändern würde, sei abzusehen, dass auch diejenigen Wissenschaftler, die »kostenlos« zu Geoengineering forschten, ihre Arbeit bald einstellen würden.[152]

Neues Interesse

Tatsächlich hat sich die Investitionsbereitschaft der großen Forschungsinstitutionen in dieses Feld in den vergangenen Jahren insbesondere in den USA deutlich vergrößert. Eine

Reihe von Berichten wissenschaftlicher Expertengremien hoben die Notwendigkeit hervor, die verschiedenen Techniken des solaren Geoengineerings besser zu erforschen und interdisziplinär zu reflektieren. Insbesondere der Bericht der National Academies of Sciences, Engineering and Medicine von 2021 mit dem Titel »Reflecting Sunlight« zeigte hier Einfluss. Die Wissenschaftler empfahlen darin, 100 bis 200 Millionen Dollar in ein fünfjähriges internationales und transdisziplinäres Forschungsprogramm zu investieren: »Der Bericht schließt, dass eine strategische Investition in Forschung notwendig ist, um das Verständnis der Politiker über mögliche Klimareaktionen zu stärken.«[153] Wie ein solches Forschungsprogramm genau aussehen könnte, wurde daraufhin in einem 2023 erschienenen Bericht des wissenschaftlichen Beratungsgremiums der Biden-Regierung ausgearbeitet.[154]

Erforscht werden sollen demnach die drei meistdiskutierten Varianten des solaren Geoengineerings: erstens die stratosphärische Aerosol-Injektion; zweitens die Aufhellung von Wolken über dem Meer, indem etwa Meersalzpartikel als Kondensationskeime in die Luft gesprüht werden. Dadurch würden sich zahlreiche zusätzliche kleine Tröpfchen bilden, wodurch die Wolken mehr Sonnenlicht reflektieren könnten. Und drittens das Ausdünnen von Cirruswolken, wobei Letzteres keine Verdunkelung der Sonne erzeugt, sondern thermische Strahlung der Erde leichter ins All entkommen lässt und somit einen Kühlungseffekt hervorruft.

Hervorgehoben wird im Bericht zum einen, dass die Forschung einen starken Fokus auf gesellschaftliche Implikationen haben sollte: Fragen der Umweltgerechtigkeit und geopolitischer Stabilität, weitere Implikationen für die Klimapolitik und auch Fragen der Akzeptanz und Wahrnehmung in der Bevölkerung. Zum anderen soll es darum gehen, die Forschung auf eine sehr viel breitere empirische Basis zu stellen. Dafür werden nicht nur weiterhin umfangreiche Satellitendaten über das Verhalten des Erdsystems benötigt, es sollen auch Experimente im Labor und in der Atmosphäre realisiert werden, um die relevanten physikalischen Prozesse besser zu verstehen – insbesondere vor Freilandexperimenten war man bislang immer zurückgeschreckt. Ein weiterer Schwerpunkt soll auf einer Verbesserung der Klimamodelle liegen, die bislang die Effekte des solaren Geoengineerings nur unzureichend wiedergeben, aber zentral dafür sind, eine Reihe von Szenarien zu entwickeln, in denen verschiedene mögliche Klima-Interventionen analysiert werden können.

Insbesondere bei der Modellierung der Effekte per Computer gibt es aber noch jede Menge Unsicherheiten, die neben der komplexen Nichtlinearität des Erdklimasystems vor allem auch damit zu tun haben, dass die potenziell relevanten Prozesse sich auf vielen verschiedenen räumlichen und zeitlichen Skalen abspielen: von mikrophysikalischen Vorgängen der Aerosolentstehung über deren Einfluss auf die Bildung von Wolken (ein Prozess, der in den bisherigen Modellen bekanntlich schlecht berücksichtigt ist) bis zu globalen atmosphärischen Strömungen. »Kein Modell löst die gesamte Bandbreite von Skalen auf«, heißt es in dem Bericht von 2023.[155] Es sei daher notwendig, viele verschiedene Modelle mit ihren jeweiligen Stärken und Schwächen zu vergleichen und systematisch Unsicherheiten abzuschätzen, auch im Abgleich mit empirischen Daten. Die entsprechende Forschung werde aber außerdem der allgemeinen Klimaforschung zugutekommen, zumal diese ohnehin notwendig ist, um das Potenzial des solaren Geoengineerings zu verstehen. Denn dessen Beurteilung, das hebt der Bericht des Weißen Hauses mehrfach hervor, muss immer auf einer Risiko-Risiko-Perspektive beruhen:

Das Risiko des solaren Geoengineerings ist mit dem Risiko des Klimawandels zu vergleichen – nicht mit unserer derzeitigen Welt und nicht mit einer Welt ohne Klimawandel.

Und noch etwas anderes betont der Bericht: Die Unterstützung der Forschung an solarem Geoengineering dürfe nicht mit der Unterstützung von deren Anwendung verwechselt werden. Diese Unterscheidung ist auch in hohem Maße in der Forschungscommunity selbst zu beobachten. Viele derjenigen Wissenschaftler, die an solarem Geoengineering forschen, bezeichnen sich selbst als ausgesprochene Umwelt- und Klimaschützer, denen gerade daran gelegen ist, durch ihre Forschung die gezielte Manipulation einfallender Sonnenstrahlung zu verhindern. Denn nur wenn die Politiker die entsprechenden wissenschaftlich fundierten Risiken kennen, so die Argumentation dieser Wissenschaftler, werden sie womöglich davon abgehalten, diese preiswerte und vergleichsweise einfach zu realisierende Alternative zur Emissionsreduktion einzusetzen.[156]

Die Experimente beginnen

Ob dieses Argument so aber tatsächlich trägt, bleibt fraglich. 2022 wurde zumindest schon erstmalig das Tabu der Freilandexperimente gebrochen. Der britische Wissenschaftler Andrew Lockley ließ vom südenglischen Buckinghamshire einen Wetterballon mit 400 Gramm Schwefeldioxid in die Stratosphäre aufsteigen, mutmaßlich der erste wissenschaftliche Testflug mit der Intention, solares Geoengineering zu erforschen. Dabei benutzte er einfach zu beschaffende Hardware, die insgesamt weniger als 1000 Dollar gekostet hatte. Der Flug zog einige Kritik auf sich, nicht zuletzt, weil er vorher nicht angekündigt war – und weil sich Lockley mit der Abkürzung SATAN (für Stratospheric Aerosol Transport and Nucleation) einen äußerst provokanten Namen für sein Projekt ausgesucht hatte.[157] Angeblich, um damit gegen die übertriebene Angst der Öffentlichkeit vor Freilandexperimenten zu protestieren: Ein bereits vorher über viele Jahre geplantes Atmosphärenexperiment der Universität Harvard, genannt SCoPEx, war immer wieder durch Proteste von Kritikern aufgehalten worden. Von Schweden aus hätte ein Ballon zwei Kilogramm Kalziumkarbonat in die Stratosphäre bringen sollen. Im März 2024 wurde schließlich die endgültige Einstellung des Experiments bekanntgegeben. Das Team sah sich nicht mehr in der Lage, die Arbeiten fortzusetzen, obwohl es sich bis dahin alle Mühe gegeben hatte, existierenden Ängsten durch Aufklärung entgegenzuwirken.[158] In den USA wurde Anfang April 2024 in der Bucht von San Francisco das erste amerikanische Freilandexperiment für solares Geoengineering begonnen. Von einem ausrangierten Flugzeugträger aus wurden Salzaerosole in die Luft geschossen, um Wolken aufzuhellen.[159] Einen Monat später wurde das Experiment der Universität Washington vom City Council gestoppt – zunächst aufgrund von Bedenken, dass die versprühten Partikel gesundheitsschädlich sein könnten, schließlich auch unter dem Einfluss von Aktivisten, die auf die Risiken des solaren Geoengineerings hinwiesen.[160]

In der Unternehmenswelt ist solares Geoengineering längst als potenzielles Geschäftsmodell angekommen. Das amerikanische Start-up Make Sunsets verkauft »Cooling Credits«: Es bringt mithilfe von Ballons Schwefeldioxid in die Stratosphäre, ein Gramm wird als Kompensation für eine Tonne CO_2 pro Jahr angegeben. Auch dieses Unternehmen präsentiert sich als von ethischen Beweggründen motiviert: »Lass uns zusammen daran arbeiten, den Planeten für künftige Generationen zu kühlen«. Dem Einwand, das sei eine falsche Strategie, entgegnen sie: »Wir haben die Atmosphäre ruiniert, jetzt haben wir eine moralische Verpflichtung, das wieder in Ordnung zu bringen.«[161] Deutlich professioneller als Make Sunsets geht das amerikanisch-israelische Start-up Stardust vor. Es will Technologien liefern können, sobald sich eine Regierung dafür entscheiden sollte, solares Geoengineering anzuwenden. Dafür hat das Unternehmen nach eigenen Angaben einen neuen, »bio-sicheren« Partikel entwickelt und plant erste Atmosphärenexperimente. Sein Ziel: das Verfahren »sicher, praktikabel und kontrollierbar zu machen«.

Eine Lösung, die Teil des Problems ist?

Auch der Initiator des ersten wissenschaftlichen Freilandexperiments Andrew Lockley hat sich mit der moralischen Legitimierung von solarem Geoengineering auseinandergesetzt. In einem Artikel in der Zeitschrift *Futures* diskutierte er im Herbst 2023 die Frage, inwiefern Bürger dazu legitimiert sein könnten, im Angesicht der Klimakrise auf entsprechende Mittel zurückzugreifen – die Tatsache, dass solares Geoengineering mit ein paar Milliarden Dollar pro Jahr so vergleichsweise preisgünstig ist, mag den Kreis potenzieller Anwender schließlich über die staatlichen Akteure hinaus vergrößern. Den Ausgangspunkt seiner Überlegungen formuliert er so: »Analogien zu solarer Strahlungsmodifikation existieren, wenn Bürger berechtigt sind, in Krisensituationen eigenmächtig zu handeln: Züge zu stoppen, Gebäude zu evakuieren, Löschschläuche anzuwenden und tödliche Kräfte zur Selbstverteidigung anzuwenden.«[162] Bei der Diskussion verschiedener Szenarien – tätig wird ein einzelner umweltbewusster Milliardär, eine Gruppe sehr reicher Menschen, eine Crowdfunding-Initiative, eine soziale Bewegung oder eine Gruppe von Technokraten – liegt seine Sympathie klar bei derjenigen der wissenschaftlich und technologisch Informierten, die sich auf der Grundlage ihres Expertenwissens für die Anwendung solaren Geoengineerings zur Rettung der Welt entscheiden, »insbesondere, wenn diese durch externe Geldgeber überwacht werden«.[163]

Elitäre Überlegungen wie diese mögen illustrieren, wie wichtig eine Ausweitung der Diskussion in die Politik-, Kultur- und Geisteswissenschaften ist, denn nur in diesem Rahmen werden die Voraussetzungen und weiteren Implikationen der Strategie des solaren Geoengineerings deutlich. Das gilt vor allem auch für einen kritischen Blick auf die gängigen »Framings« – die Analogien und Formulierungen, die in der Diskussion des Geoengineerings auftauchen. Im Anschluss an Gedanken der Kritischen Theorie und insbesondere Herbert Marcuses mag man in Beschreibungen wie »Geoengineering als Plan B«, »Geoengineering als Notfallplan« oder »Geoengineering als Schmerzmittel für den Planeten« bereits bestimmte Denkmotive erkennen: Der Planet ist etwas vom Menschen für seine (kapitalistischen) Zwecke zu Nutzendes und Manipulierendes. Technologie liefert die Mittel dafür, den Status quo aufrechtzuerhalten, obwohl diesem fundamentale Widersprüche zugrunde liegen: zum einen die Tatsache, dass das auf ständiges Wachstum ausgelegte Wirtschaftssystem seine eigene Grundlage eines stabilen Klimas zerstört, auf der anderen Seite die Ablehnung emissionsmindernder Technologien aufgrund bestehender ökonomischer Machtverhältnisse.

Geoengineering, als Produkt »technologischer Rationalität« im Sinne Marcuses, sei insofern auch deshalb so gefährlich, weil es das Nachdenken über alternative soziale Zukünfte ignoriert oder gar verhindert – das ist ein Fazit von Ryan Gunderson, Diana Stuart und Brian Petersen in einem 2019 erschienenen Artikel in der Zeitschrift *New Political Economy*. Dass diese systemerhaltende Wirkung des Geoengineerings explizit genutzt wird, sehen sie durch drei Beobachtungen bestätigt: Erstens erhält es deutliche Unterstützung aus den Reihen der fossilen Brennstoff-Industrie, von konservativen Leugnern des Klimawandels und von elitären Gruppen. Zweitens existieren Argumente, die die Kosteneffizienz des Geoengineerings hervorheben. Und drittens Pläne, Geoengineering selbst als vielversprechendes Unternehmensmodell zu diskutieren. Die Autoren heben hervor, dass Technologien auch für die Entwicklung alternativer sozialer Modelle eingesetzt werden könnten, in denen planetare Grenzen akzeptiert werden und auf erneuerbare Energien umgestellt wird. »Angesichts der politischen Priorisierung ökonomischen Wachstums würde eine solche Transformation allerdings eine starke soziale Bewegung voraussetzen – eine unwahrscheinliche Leistung aufgrund fehlender politischer und sozialer Organisation bei der Linken, zusammen mit der Schwierigkeit, sich eine soziale Ordnung vorzustellen, die sich nicht durch wachsenden Durchsatz zur Anhäufung von Kapital strukturiert«, schließen Gunderson, Stuart und Petersen.[164] Tatsächlich mag erstaunen, wie schwer uns die Vorstellung sozialer Alternativlösungen fällt – so schwer, dass der mythologisch wiederholt aufs Schärfste verurteilte Versuch, die Sonne zu beherrschen und zu manipulieren, uns als die gangbarere Option erscheint. Immerhin: 2010 unterzeichneten 193 Vertragsstaaten unter der Biodiversitätskonvention ein De-facto-Moratorium gegen großflächige Geoengineering-Maßnahmen. Die USA sind allerdings nicht dabei.

Sonne auf Erden: Prometheus heute

Warum scheint die Sonne, wodurch spendet sie Wärme, Licht und Leben? Jede Sekunde fusionieren in ihrem Inneren pro Sekunde rund 600 Millionen Tonnen Wasserstoff zu 596 Millionen Tonnen Helium, und der Massenunterschied von 4 Millionen Tonnen wird als Energie freigesetzt und sorgt dafür, dass »die Sonne scheint«. Das trifft nicht nur bei diesem (nur) für uns herausragenden Stern zu, sondern Kernfusion ist die entscheidende Energiequelle für alle Sterne im gesamten Universum.

Daran knüpft eine noch weiterreichende Vision als die Photovoltaik an: Es der Sonne nachzutun und ihren »Wirkungsgrad« dabei sogar zu übertreffen. Befürworter und Betreiber der Kernfusion in verschiedenen Ländern der Erde sehen darin ein unerschöpfliches Energiepotenzial, das die Menschheit ein für alle Mal von Energieengpässen und Entsorgungsnöten befreien könnte. Kernfusion benötigt relativ wenig Ressourcen, setzt keine Treibhausgase frei, hinterlässt wenig toxische und radioaktive Abfälle und vermeidet viele Folgeprobleme der Umstellung auf Erneuerbare Energien.

Was als idealer Motor der Energiewende und Katalysator einer nachhaltigen Lebens- und Wirtschaftsweise angepriesen wird, setzt freilich eine enorme Konzentration von Forschungs- und Finanzmitteln voraus und ist derzeit immer noch im frühen Experimentierstadium. Im Folgenden interessieren uns weniger die physikalischen Grundlagen und technischen Optionen der Kernfusion[165] als ihre – geradezu prometheische – Grundidee: Nicht mehr den Göttern das Feuer zu stehlen, sondern es dem großen Feuer namens Sonne gleichzutun, nachdem man ihre Wirkungsweise verstanden hat, und auf der Erde unzählige kleine Sonnen in Betrieb zu setzen.[166] Ist das

Abb. 23: 2016 wurde in der Fusionsanlage Wendelstein 7-X das erste Wasserstoffplasma erzeugt, mit einer Temperatur von rund 80 Millionen Grad Celsius – mehr als fünfmal so heiß wie im Zentrum der Sonne

hybrider Wahnsinn, der wieder in einer prometheischen Qual enden wird, oder die naheliegende Anpassung an die Natur des Universums und endlich eine positive Utopie? Ist es eine von überambitionierten Ingenieuren und Investoren verfolgte Wahnidee, die schlussendlich als Waffe zur Massenvernichtung dient, oder das Sprungbrett in eine nachhaltige, sich selbst genügende Weltgesellschaft, die friedliche Ziele verwirklichen kann? Oder ist auch die Kernfusion nur eine Techno-Idee unter vielen, die wir frühestens zwei oder drei Generationen später zum Guten wie zum Schlechten anwenden werden, ohne den Lauf der Dinge groß zu ändern?

Besser als Kernspaltung

Der britische Astrophysiker Arthur S. Eddington war 1920 der Erste, der Kernfusion als mögliche Energiequelle der Sterne in Betracht zog, nachdem fast hundert Jahre lang darüber gestritten worden war, wie die Sonne ihre Energie erzeugt (siehe Kapitel 1). 1939 beschrieb der in die USA emigrierte Hans Bethe, wie Kernfusionsreaktionen in Sternen wie der Sonne ablaufen.[167] Vereinfacht gesagt: Bei einer Kernfusion verschmelzen zwei leichte Atomkerne zu einem schwereren Kern. Da die Masse des schwereren Kerns geringer ist als die Masse der beiden leichten Kerne zusammen, wird der Massenunterschied nach Einsteins berühmter Formel E=mc2 in Form von Energie freigesetzt. Das funktioniert bei Kernen, die leichter sind als Eisen mit der Ordnungszahl 26. Bei schwereren Kernen wird Energie dagegen durch Zerfall oder Spaltung freigesetzt – ein Prinzip, das bekanntlich in Atomreaktoren genutzt wird.

Die erste im Labor gezielt durchgeführte Fusionsreaktion war 1934 der Beschuss von Deuterium mit Deuteriumkernen durch Mark Oliphant, einem Assistenten Ernest Rutherfords, und den österreichischen Physikochemiker Paul Harteck.[168] Den Nachweis, dass auch auf der

Erde große Energiemengen durch Kernfusion freigesetzt werden können, erbrachte die militärische Forschung, das Projekt Matterhorn, das aus dem Manhattan-Projekt ausgegliedert wurde, welches die Kernspaltung zur A-Waffen-Produktion einsetzte. Ein wichtiger Vorteil der Kernfusion im Vergleich zur Kernspaltung ist, dass deutlich weniger radioaktiver Abfall entsteht. Zudem wird die Energieerzeugung ohne eine auftretende Kettenreaktion betrieben und benötigt dabei so extreme Bedingungen hinsichtlich der herrschenden Temperatur, des Drucks und der Dichte, dass es leicht ist, eine ablaufende Fusion zu unterbrechen und damit zu kontrollieren.

Eine Ausnahme ist die Wasserstoffbombe. Hier läuft die Fusion gezielt in unkontrollierter Form ab. Edward Teller, der wissenschaftliche Rivale Joseph Oppenheimers, nutzte die Kernfusion mit schlagartiger Energiefreisetzung zum Bau einer solchen Bombe mit wesentlich höherer Sprengkraft als eine Kernspaltungsbombe. Auch in der Sowjetunion wurde eine Wasserstoffbombe entwickelt und getestet – das ist die aus dem Kalten Krieg stammende dunkle Seite der Kernfusion. Teststoppverträge sind nicht in Kraft getreten und werden umgangen, neue Atommächte kamen hinzu, darunter Nordkorea, das nach eigenen Angaben eine Wasserstoffbombe erfolgreich getestet hat.

Kernfusion ist eine frühe, technikimmanente Variante der Operation »Schwerter zu Pflugscharen« und als »Big Science Fiction« promotet worden.[169] In den 1950er Jahren hoben die Vereinigten Staaten die Geheimhaltung über nichtmilitärische Dimensionen der Nukleartechnologien auf, die zivile Nutzung konnte beginnen. Um die Herausforderungen und die Tragweite solcher Projekte zu erfassen, ist an dieser Stelle ein kurzes naturwissenschaftliches Repetitorium erforderlich.

Wie man Atomkerne verschmelzen lässt

Als geeignetste Ausgangsstoffe für eine kontrollierte Kernfusion gelten Deuterium und Tritium. Die Verschmelzung beider erzeugt einen Heliumkern und ein Neutron mit jeweils hoher Bewegungsenergie. Unter allen möglichen Fusionsreaktionen wird hier besonders effizient Energie freigesetzt, zudem benötigt die Deuterium-Tritium-Reaktion die niedrigste Temperatur: rund 100 Millionen Grad. Deuterium (2H, auch als »schwerer Wasserstoff« bezeichnet) und Tritium (3H, »überschwerer Wasserstoff«) sind natürliche Isotope des Wasserstoffs, sie haben in ihrem Kern also eine unterschiedliche Anzahl von Neutronen. Der Atomkern von Deuterium besteht aus einem Proton und einem Neutron, der des Tritiums aus einem Proton und zwei Neutronen. Unter natürlich vorkommendem Wasserstoff liegt der Deuteriumanteil bei rund 0,015 Prozent. Für die Entdeckung des Deuteriums[170] wurde der US-amerikanische Chemiker Harold C. Urey 1934 mit dem Nobelpreis für Chemie geehrt. Tritium hingegen zerfällt als radioaktiver Betastrahler mit einer Halbwertszeit von 12,32 Jahren zu stabilem Helium-3 (3He) und ist daher extrem selten.

Deuterium ist nicht radioaktiv und kommt in großer Menge im Meer vor. Tritium muss dagegen in Kernreaktoren aus Lithium erbrütet werden, indem das Element Lithium mit Neutronen beschossen wird. Im laufenden Kernfusionsreaktor wird es dann im Fusionsprozess aus Lithium erzeugt, da dort fortwährend energiereiche Neutronen entstehen. Das in der Fusion produzierte Helium, ein farbloses, geruchloses, geschmacksneutrales und ungiftiges Edelgas, kennt man aus verschiedenen Anwendungen: als Füllgas für Luftballons, als Traggas für Luftschiffe, als Schutzgas für diverse industrielle Anwendungen, als

Kühlmittel, Hilfsmittel zur Altersbestimmung von Gesteinen. Nach Wasserstoff ist es das zweithäufigste Element im Universum und macht etwa ein Viertel der gesamten Masse gewöhnlicher Materie aus.

Für eine Kernfusion wird ein Plasma mit einer Temperatur von mehr als 100 Millionen Grad Celsius benötigt. Die Atome darin besitzen eine so hohe Bewegungsenergie, dass alle Elektronen von ihren Atomkernen abgetrennt werden. Das Gas besteht vollständig aus geladenen Teilchen. Das Plasma, als Ausgangsstoff der Kernfusion, lässt sich daher durch elektrische und magnetische Felder beeinflussen, was sich viele Fusionsanlagen zunutze machen: Sie schließen das heiße Plasma in einen »Magnetfeldkäfig« ein. Dadurch wird einerseits vermieden, dass das heiße Gasgemisch in zerstörerischen Kontakt mit den Wänden der Fusionsanlage gerät. Andererseits sollen die positiv geladenen Atomkerne trotz ihrer gegenseitigen elektrostatischen Abstoßung so dicht aneinander gebracht werden, dass die anziehenden Kernkräfte überwiegen und Fusion möglich wird.

Erste Erfolge auf einem noch langen Weg

In bisherigen Pionierversuchen hatte man bei einem Fusionsreaktor nie mehr Energie herausholen können, als man hineingesteckt hatte. Doch im Herbst 2022 ist das erstmals gelungen, mit der National Ignition Facility (NIF) im kalifornischen Atomforschungszentrum Lawrence Livermore National Laboratory: 192 Laser beschossen dort in einem nur eine Nanosekunde währenden Puls einen Mini-Zylinder, in dem ein millimetergroßes Kügelchen aus Deuterium und Tritium steckte. Die Laser ließen die äußere Hülle des Kügelchens explodieren, wodurch sein

Inneres extrem komprimiert und erhitzt wurde. Daraufhin startete dort die Fusion des Brennmaterials – ein Prozess, der aufgrund der schlagartigen Ausdehnung und damit Abkühlung des Kügelchens aber sofort wieder zum Erliegen kommt. Das Verfahren wird daher als »Trägheitsfusion« bezeichnet, weil das Plasma anders als in Fusionsreaktoren nicht dauerhaft magnetisch eingeschlossen ist.[171]

Der in der Presse groß gefeierte Erfolg bestand darin, dass 2,05 Megajoule Laserenergie eingesetzt, aber durch die Fusion von rund 4 Prozent des Brennmaterials eine Energieausbeute von 3,15 Megajoule erzielt wurde; allerdings stand im Kleingedruckten, dass die Aktivierung der Laser selbst ein Vielfaches an Energie verbraucht hatte. Von einer umfassend positiven Energiebilanz ist man also noch weit entfernt, aber der Einstieg in eine Energieerzeugung durch Kernfusion ist nachweislich erprobt. Dass die Kernfusion militärische Dimensionen und Optionen hat, wurde bei den Erfolgsmeldungen übrigens nicht verschwiegen.[172] Die US-Energieministerin Jennifer Granholm sagte klar, NIF stärke »die nationale Sicherheit, weil es einen neuen Bereich für die Aufrechterhaltung einer sicheren und wirksamen nuklearen Abschreckung in einem Zeitalter eröffnet, in dem es keine Atomtests mehr gibt«.[173]

Der am NIF vermeldete Erfolg beflügelte Forscher und auch private Investoren weltweit, die daraufhin Milliarden von Dollars in Start-ups investierten. Einige Dutzend Unternehmen arbeiten derzeit daran, Fusion wirtschaftlich zu machen – wie realistisch das im Rahmen unternehmerisch planbarer Zeiträume ist, darüber wird gestritten. Die laserbasierte Trägheitsfusion ist allerdings nicht diejenige Technologie, zu der die größten Erfahrungswerte existieren. Wie man auf ihrer Grundlage einen echten Reaktor bauen könnte, ist noch unklar. Am NIF werden Laserpulse im Tagesrhythmus realisiert, für einen Reaktor müsste das mehrfach pro Sekunde geschehen. Auch wie Brennstoffkügelchen in ausreichender Menge und mit geringen Kosten produziert werden können, wäre noch zu klären.

Weiter fortgeschritten ist die Entwicklung von Fusionsreaktoren, die eine kontinuierlich betriebene Fusion in einem magnetisch eingeschlossenen Plasma ermöglichen sollen. Dabei gibt es zwei dominierenden Varianten: den Tokamak und den Stellarator. Ein Tokamak nutzt drei verschiedene Magnetfelder, um das Plasma in einem Torus, einem Volumen der Form eines Donuts, einzuschließen. Im Plasma selbst fließt dabei ein Strom, der durch eine Transformatorspule induziert wird und das Plasma nicht nur einzuschließen hilft, sondern auch aufheizt. Da Transformationen keinen Dauerstrom liefern können, funktioniert ein Tokamak im Pulsbetrieb.

In Europa wird das Tokamak-Prinzip im südfranzösischen Cadarache am ITER getestet, was alteuropäisch-lateinisch Reise bedeutet und dem International Thermonuclear Experimental Reactor den Weg weisen soll.[174] Seit 2007 ist der Versuchsreaktor im Aufbau, die Planungs- und Konstruktionsphase hat er bereits hinter sich. Eigentlich sollte er 2025 in Betrieb gehen – ein Termin, der selbst bereits das Resultat zahlreicher Verzögerungen ist –, doch auch dieser Termin wird von dem komplexen Projekt nicht eingehalten werden können. Es gibt vielfältige Materialprobleme, die Anforderungen an eine Fusionsanlage sind aufgrund der erzeugten energiereichen Neutronen, Gamma- und Röntgenstrahlen höchst anspruchsvoll, und nicht zuletzt die komplexe internationale Organisation des Projekts führt zu immer neuen Komplikationen und Rückständen. Das Ziel bei ITER ist es, zu zeigen, dass im Zuge der Fusion von Deuterium und Tritium zehnmal so viel Energie erzeugt werden kann, wie für das Heizen aufgewendet wurde. Auf dieser Grundlage könnte ein erstes

Demonstrations-Kraftwerk »DEMO« gebaut werden, das dann tatsächlich Strom erzeugen würde. Experten rechnen aber damit, dass dessen Inbetriebnahme noch mindestens 20 Jahre auf sich warten lassen wird.

Spuren des Kalten Kriegs sind auch hier vorhanden, denn der Tokamak (russische Abkürzung für »Toroidale Kammer mit Magnetspulen«) geht auf sowjetische Wissenschaftler, darunter Andrei Sacharow und Igor Tamm, zurück, die 1950 für die Herstellung der Wasserstoffbombe auf Basis der Kernfusion einen Stromfluss im Plasma eines Magnetfelds initiiert hatten, sodass unter bestimmten Bedingungen (gemäß dem Lawson-Kriterium) die thermonukleare Reaktion selbsterhaltend abläuft.

ITER ist ein supranationales Gemeinschaftsvorhaben, an dem außer den EU-Staaten, der Schweiz und Großbritannien auch die Vereinigten Staaten (mit Unterbrechungen), Südkorea, Japan, Indien und die Russische Föderation beteiligt sind. Es scheint, als wolle man die Kernfusion als kosmopolitisches Menschheitsprojekt herausstellen – das war jedenfalls die Vorstellung von Michail Gorbatschow 1985 beim Gipfeltreffen mit dem US-Präsidenten Ronald Reagan. Die Kooperation, an der auf deutscher Seite das Max-Planck-Institut für Plasmaphysik in Garching beteiligt ist, läuft bisher trotz des Ukraine-Kriegs weiter, auf ITER setzen die Befürworter der Kernfusion ihre Hoffnungen. Ebenfalls unter Verwendung der Tokamak-Technologie arbeitet die britische Fusionsanlage JET, die bereits zeigen konnte, dass Fusion mit dem Verfahren funktioniert.

Auch Stellaratoren schließen Plasma in einem Magnetfeld ein. Anders als ein Tokamak kommen die Felder dabei aber nur durch äußere Magnetspulen zustande, im Plasma selbst wird kein Längsstrom induziert. Daher können Stellaratoren dauerhaft, statt nur im Pulsbetrieb laufen, das

Magnetfeld ist dadurch allerdings auch komplizierter. Dieses Design wird vom Max-Planck-Institut Greifswald im sogenannten Wendelstein-7-X-Projekt getestet. Bislang werden dort aber vor allem die Eigenschaften des Plasmas untersucht, ohne tatsächlich eine Fusion in Gang zu setzen. Zuletzt gelang es dort immer länger, das Plasma auf viele Millionen Grad Celsius aufzuheizen.[175]

Auch wenn die Bewertung und Förderung der Kernfusion von Ost-West-Konflikten weitgehend verschont blieb, ist sie starken wissenschafts- und finanzpolitischen Konjunkturen ausgesetzt. Die Budgetforderungen für ein solches Mammut- und Langzeitvorhaben mit ganz ungewissen Erfolgsaussichten sind enorm, private Start-up-Unternehmen, oft in Kollaboration mit Universitäten (wie TAE, Commonwealth Fusion Systems, Marvel Fusion[176] oder Focused Energy[177]) und Risikokapitalgeber (wie Prime Movers Lab[178]) setzen vorschnell auf eine baldige Kommerzialisierung.[179] Auf die zurückhaltende Bewertung, die 2002 beispielsweise noch ein Projektteam für das Büro für Technikfolgenabschätzung gab,[180] sowie Budgetkürzungen der letzten Jahre folgt nun wieder eine eher euphorische Beurteilung der Kernfusion durch die Forschungsministerien;[181] eine Reihe beteiligter Wissenschaftler haben eine dezidiert optimistisch stimmende Informationsoffensive gestartet, die den Klickzahlen zufolge auf großes Interesse stößt.[182] Kernfusion ist wieder zur »Big Science Fiction« geworden, die sich nun auf konkretere Forschungsfortschritte berufen kann. Schon wird ein neues Atomzeitalter ausgerufen.[183]

Verfechter einer akut klimapolitisch begründeten Wende zu erneuerbaren Energien befürchten bereits eine Investitionskonkurrenz und kritisieren vor allem die Hypothese, man könne auf Energieeinsparungen verzichten, wenn die Menschheit schon bald dank der »Sonne auf

Erden« ihren Energiehunger ungebremst stillen könne.[184] Und es ist schwer vorstellbar, dass ein solches großtechnisches Projekt keinerlei unerwünschte und schädliche Nebenfolgen mit sich bringt. Andererseits wäre die Verabschiedung der Kernfusion überstürzt. Abgesehen vom möglichen technischen Windfall-Profit beflügelt sie den Forschergeist, schafft internationale Kooperation, vermittelt ein optimistisches Zukunftsbild und vermehrt, nicht zuletzt, unser Wissen über die Sterne – was eher zu Demut als zu Größenwahn Anlass geben sollte.

Ausblick: Zeit für Solarpunk?

Unsere Abhängigkeit von der Sonne bestimmt seit jeher unsere Existenz. Sie ist eine Konstante der Menschheitsgeschichte, auch wenn wir heute dazu neigen, uns als von der Sonne weitgehend emanzipiert zu denken – unsere technologischen Fortschritte haben die Sonne als Zeitmesser, Navigationshilfe und Ernährerin schließlich in unserem Alltag in den Hintergrund treten lassen. Wir leben mit der Überzeugung, dass die Sonne weitgehend »wissenschaftlich verstanden« ist, auch wenn die wenigsten dieses Wissen selbst besitzen. Stattdessen fehlt uns heute oft selbst jenes Beobachtungswissen über die Sonne, das unsere Vorfahren über Jahrtausende gepflegt und überliefert haben. Wie bedauerlich das ist, haben wir im ersten Teil des Buches gesehen. Ja, wir wissen heute viel mehr, und vor allem auch anderes, über die Sonne als die Menschen vor uns. Weniger rätselhaft ist die Sonne dadurch aber nicht geworden. Und auch nicht weniger existenziell. Im Gegenteil.

Wie sehr die Sonne in unserem heutigen Bewusstsein im Vergleich zu früheren Zeiten an Relevanz verloren hat, erfahren wir, wenn wir uns auf die Deutungsebene begeben und uns Darstellungen der Sonne vor Augen führen: In der Sonne begegneten sich jahrtausendelang die Sphären von Kunst, Politik und Religion. Für unsere Vorfahren bedeutete die Sonne viel mehr als für uns heute. In ihrer Ambivalenz als Ernährerin und Zerstörerin, als Wärmende und Verbrennende lehrte sie viel auch über das menschliche Leben – und darüber, wie unser Miteinander wiederum unseren Umgang mit unserer Umwelt prägt. Wer sich mit den Darstellungen und Deutungen der Sonne beschäftigt, sieht, wie wenig die Sonne auf ihre physikalischen Eigenschaften zu reduzieren ist, so wichtig diese auch heute noch für uns sind. Und er oder sie bekommt eine Ahnung davon, dass in all dem überlieferten Deutungswissen vielleicht die eine oder andere Botschaft stecken mag, die auch für heutige Herausforderungen nützlich sein kann.

Denn wer sich mit den ganz großen aktuellen Problemen beschäftigt, die oft unter dem Begriff »Klimakrise« subsumiert werden, bemerkt schnell: Die Sonne steht nach wie vor im Zentrum. Als unerbittliche Strahlungsquelle ist sie Teil des Problems der Erderwärmung, als unerschöpfliche Energiequelle Teil einer möglichen Lösung. Wir haben die Ambivalenz ihrer gigantischen Energieerzeugung per Fusion auf die Erde geholt. Was als Waffe begann, soll nun alle Energieprobleme lösen – und könnte Gefahr laufen, den Blick von unserer eigenen Verantwortung für die aktuelle Misere wegzulenken. Schließlich werden in der Nachfolge Phaetons auch heute Versuche unternommen, die Sonne zu steuern und zu manipulieren. Ob wir damit erfolgreicher wären als der mythische Wagenlenker? Klar ist: Die Sonne entzieht sich einseitiger Beschreibungen und Deutungen. Ihr Verständnis erfordert das Zusammenspiel zahlreicher verschiedener Perspektiven und Praktiken. Ein Gespür dafür zu wecken, war Anliegen dieses Buches.

Was aber kann aus all dem für die Zukunft entstehen? Über die Jahrtausende hat unser Leben spendender Fixstern die Fantasie, die Ängste und die Hoffnungen der Menschheit beflügelt, und damit bis heute Gefühle göttergleicher Omnipotenz, die zuletzt allerdings vielfach Verzagtheit und Katastrophenerwartung gewichen sind.

Dagegen wiederum richtet sich eine geistige Bewegung, die sich unter dem Schlagwort Solarpunk versammelt – eine ausdrücklich optimistische Science-Fiction, ein »sonniger«, diverser Lebensstil und handwerkliche Techniken mit Solaranlagen im Zentrum. Die nach der Jahrtausendwende entstandene Bewegung hat sich, anders als der No-Future-Cyberpunk, ausdrücklich der Weltrettung verschrieben und kombiniert zwei bis dato konträre Bestrebungen: Naturverbundenheit und Technologieoffenheit (natürlich nur für Erneuerbares). Erprobt wird das vornehmlich in Städten und Landgenossenschaften. »Punk« umschreibt den rebellischen und gegenkulturellen Aspekt dieser Bewegung, die sich in Sci-Fi-Klassikern wie Ernst Callenbachs *Ökotopia* (1978), literarischen Manifesten wie *From Steampunk to Solarpunk* (2008), Animationsfilmen wie Hayao Miyazakis *Prinzessin Mononoke* (1997), Reddit-Foren, Easy-Listening-Musik, Computer-Szenarien und Stadtbegrünungen ausdrückt. Ohne die gravierenden und sich zuspitzenden Probleme der planetaren Grenzen verdrängen oder verleugnen zu wollen, möchten wir als Resümee unserer Solarexpedition solche Lichtseiten herausstellen und den Möglichkeitssinn animieren. Solarpunk bekämpft den gefährlichen Klimawandel und das Artensterben, zeigt dabei aber auch, dass in diesem Kampf vieles realisiert werden kann, was Utopien einer freieren Gesellschaft immer schon angestrebt haben.

Playlist

Claudio Monteverdi, »Sospirato mio sole!«, aus: *Il ritorno d'Ulisse in patria* (1640)
Joseph Haydn, Streichquartett B-Dur, op. 76,4 »Der Sonnenaufgang« (1797)
Franz Schubert, »Ode an die untergehende Sonne« (1816/17)
Arnold Schönberg, »Seht die Sonne«, aus: *Gurre-Lieder* Teil III (1913)
Hermann Scherchen (arr.), »Brüder, zur Sonne, zur Freiheit« (1920)
Brooks Bowman, »East of the Sun (and West of the Moon)« (1934)
Charles Trenet, »Le Soleil et la Lune« (1939)
Harry Belafonte, »Island in the Sun« (1957)
Sun Ra, »Sun Song« (1957)
Bobby Hebb, »Sunny« (1966)
Fifth Dimension, »Aquarius / Let the Sunshine in«, aus: *Hair* (1968)
The Beatles, »Here Comes the Sun« (1969)
Bob Marley, »Sun is Shining« (1973)
Philip Glass, »Hymn to the Sun«, aus: *Akhnaten* (1983)
Nicola Piovani, »Un Raggio di Sole«, aus: Federico Fellini, *Intervista* (1987)
Stan Getz, Kenny Barron, »Softly as in a Morning Sunrise« (1991)
Die Fantastischen Vier, »Lass die Sonne rein« (1993)
Fatboy Slim, »Sunset (Bird of Prey)« (2000)
Peter Licht, »Sonnendeck« (2001)
Culcha Candela, »Solarenergie« (2004)
The Chemical Brothers, »The Sunshine Underground« (2014)
Crystal Fighters, »Yellow Sun« (2016)

Abbildungsverzeichnis

Abb. 1: The four seasons, ESO.
Abb. 2: Beobachtung der Sonnenflecken, in: Christoph Scheiner, *Rosa Ursina sive sol*, Bracciano 1630, S. 273.
Abb. 3: Structure of stars (artist's impression), Solar Type, ESO, eso0729a.
Abb. 4: World of Change, Solar Activity, Images acquired from the Solar and Heliospheric Observatory (SOHO) spacecraft, 21. Oktober 2013, NASA/Goddard Space Flight Center, ID: 30315.
Abb. 5: Picturing the Sun's Magnetic Field, NASA/SDO/AIA/LMSAL, ID: GSFC_20171208_Archive_e000393.
Abb. 6: Graphic: Temperature vs Solar Activity, 10. Juli 2020, NASA-JPL/Caltech.
Abb. 7: Edvard Munch, *Solen* (Die Sonne), 1911, Aula der Universität Oslo.
Abb. 8: Die Himmelsscheibe von Nebra, ca. 2100 bis 1700 v. Chr., Landesmuseum für Vorgeschichte in Halle (Saale).
Abb. 9: Helios auf der Quadriga, um 340–330 v. Chr., Museum für Kunst und Gewerbe, Hamburg.
Abb. 10: Utagawa Kunisada, *Ursprung des Tanzes vor der Felsenhöhle*, 1857, Nichibunken, Kyōto.
Abb. 11: Eine altägyptische Sonnenbarke (Sonnenschiff) auf einer bemalten hölzernen Stele der 26. Dynastie, Copyrightholder: Guillaume Blanchard.
Abb. 12: Hans Holbein der Jüngere, *Christus als das wahre Licht (Christus vera lux)*, um 1526, Staatliche Museen zu Berlin, Kupferstichkabinett.
Abb. 13: Albrecht Altdorfer, *Alexanderschlacht*, 1529, Alte Pinakothek, München.
Abb. 14: Hyacinthe Rigaud, *Portrait de Louis XIV de France*, 1700/01, Musée du Louvre, Paris.

Abb. 15: William Makepeace Thackeray, *What makes the king?*, in: W. M. Thackeray, *The Paris Sketch Book of Mr. M. A. Titmarsh*, London 1840, S. 435.
Abb. 16: Robert Delauney, *Erste Scheibe*, 1913, Privatsammlung.
Abb. 17: Claude Monet, *Impression, soleil levant* (Sonnenaufgang), 1872, Musée Marmottan Monet, Paris.
Abb. 18: Richard Pousette-Dart, *Goldenes Zentrum*, 1964, Privatsammlung.
Abb. 19: Katharina Sieverding, *Die Sonne um Mitternacht schauen* (RED) SDO/NASA 2011–2014, Digitales Video, Privatsammlung.
Abb. 20: Peter Paul Rubens, *Der Sturz des Phaeton*, 1604/08, National Gallery of Art, Washington D. C.
Abb. 21: Space-Based Solar Power for Earth's energy needs, 8. August 2022, ESO, ID: 469576.
Abb. 22: The June 12, 1991 eruption column from Mount Pinatubo taken from the east side of Clark Air Base, Foto: United States Geological Survey / Dave Harlow.
Abb. 23: Das erste Wasserstoff-Plasma in Wendelstein 7-X, 3. Februar 2016, Foto: MPI für Plasmaphysik / Wigner RCP.

Anmerkungen

1 Cecilia H. Payne, »Stellar Evolution«, in: *The Scientific Monthly* 22.5 (1926), S. 419–423, hier S. 420.

2 Mehr archäoastronomische Details sowie deren Rezeptionsgeschichte finden sich zum Beispiel hier: John B. Carlson, »Pilgrimage and the Equinox: ›Serpent of Light and Shadow‹ Phenomenon at the Castillo, Chichén Itzá, Yucatán«, in: *Archaeoastronomy. The Journal of Astronomy in Culture* XIV.1 (1999), S. 136–152.

3 Siehe Mariusz Ziolkowski, Jacek Kosciuk, »Astronomical Observations at Machu Picchu: Facts, Hypothesis and Wishful Thinking«, in: Mariusz Ziolkowski et al. (Hg.), *Machu Picchu in Context. Interdisciplinary Approaches to the Study of Human Past*, Cham 2022, {doi.org/10.1007/978-3-030-92766-0}.

4 Ivan Ghezzi, Clive Ruggles, »Chankillo: A 2300-Year-Old Observatory in Coastal Peru«, in: *Science* 315 (2007), S. 1239–1243, {www.science.org/doi/abs/10.1126/science.1136415}.

5 Eine allgemeine und reich bebilderte Einführung findet sich hier: Ken Taylor, *Kosmische Kultstätten der Welt: Von Stonehenge bis zu den Maya-Tempeln*, Stuttgart 2012.

6 Geng Li, »Gnomons in Ancient China«, in: Clive L. N. Ruggles (Hg.), *Handbook of Archaeoastronomy and Ethnoastronomy*, New York 2015, DOI: 10.1007/978-1-4614-6141-8.

7 Marshall Clagett, *Ancient Egyptian Science, Vol. II: Calendars, Clocks, and Astronomy*, Philadelphia 1995.

8 Dieter Hagedorn, Klaas A. Worp, »Das Wandeljahr im römischen Ägypten«, in: *Zeitschrift für Papyrologie und Epigraphik* 104 (1994), S. 243–255.

9 Siehe etwa {science.nasa.gov/eclipses/history/} oder {www2.hao.ucar.edu/education/solar-physics-timeline/1223bc-200bc}, letzter Zugriff jeweils 08.05.2024.

10 Siehe etwa Michael Hoskin, »Astronomy in Ancient Greece«,

in: Richard M. West (Hg.), *Highlights of Astronomy As Presented at the XVIIIth General Assembly of the IAU*, Dordrecht 1982, DOI: 10.1007/978-94-009-7110-3.

11 Das alles ist in jedem astronomischen Einführungsbuch nachzulesen, zum Beispiel bei Alfred Weigert, Heinrich J. Wendker, Lutz Wisotzki, *Astronomie und Astrophysik: ein Grundkurs*, Weinheim [5]2009, Kapitel 1 und 4.

12 Einen Überblick über historische Beobachtungen von Sonnenflecken geben zum Beispiel Rainer Arlt, José M. Vaquero, »Historical Sunspot Records«, in: *Living Reviews in Solar Physics* 17.1 (2020); eine kurze Zusammenfassung findet sich hier: {chandra.harvard.edu/edu/formal/icecore/The_Historical_Sunspot_Record.pdf}, letzter Zugriff 08.05.2024.

13 Ken Harrison, *Imaging Sunlight Using a Digital Spectroheliograph*, Cham 2016, Kapitel 1: »Brief History of Solar Observations«.

14 Thomas Bührke, »Cosmic Detective Work«, in: *Max Planck Research* 4 (2021), S. 66–72, {www.mpg.de/18487049/W004_Physics_Astronomy_066-072.pdf}, letzter Zugriff 08.05.2024; ausführlich: Jürgen Teichmann, *Der Geheimcode der Sterne: Die Geburt von Spektroskopie und Astrophysik*, Stuttgart 2021.

15 Harrison, *Imaging Sunlight*, S. 5, Übersetzung S. A.

16 Kew Magnetic Observatory (1857–1924), {geomag.bgs.ac.uk/operations/kew.html}, letzter Zugriff 08.05.2024.

17 Siehe auch die Einleitung in Sami K. Solanki, »Sunspots: An overview«, in: *The Astronomy and Astrophysics Review* 11 (2003), S. 153–286, {doi.org/10.1007/s00159-003-0018-4}.

18 NASA, »The Balance of Power in the Earth-Sun System«, {www.nasa.gov/wp-content/uploads/2015/03/135642main_balance_trifold21.pdf}, letzter Zugriff 08.05.2024.

19 Eine historische Rekonstruktion dieser Diskussion liefert Helge Kragh, »The Source of Solar Energy, ca. 1840–1910: From Meteoric Hypothesis to Radiactive Speculations«, in: *The European Physical Journal H* 41 (2016), S. 365–394.

20 Ebd., S. 371.

21 Charles Darwin, »To A. R. Wallace«, 14. April 1869, {www.darwinproject.ac.uk/letter/?docId=letters/DCP-LETT-6706.xml}, letzter Zugriff 08.05.2024, Übersetzung S. A.

22 Weitaus detaillierter ist all dies nachzulesen in Helge Kragh,

»Reluctant Pioneer of Nuclear Astrophysics: Eddington and the Problem of Stellar Energy«, 2019, überarbeitete Version eines Papers für die Konferenz »Arthur S. Eddington: From Physics to Philosophy and Back Again«, {doi.org/10.48550/arXiv.2111.02096}.

23 Arthur S. Eddington, »The Internal Constitution of the Stars«, in: *Nature* 106 (1920), S. 14–20.

24 Cecilia H. Payne, *Stellar Atmospheres: A Contribution to the Observational Study of High Temperature in the Reversing Layers of Stars*, PhD Thesis, Radcliffe College, 1925.

25 Ebd.: »almost certainly not real«.

26 H. A. Bethe, »Energy Production in Stars«, in: *Physical Review* 55.5 (1939), S. 434–456, {doi.org/10.1103/PhysRev.55.434}.

27 Harlow Sharpley, Cecilia H. Payne, »Radio Talks from the Harvard Observatory: The Universe of Stars« (1926), auch veröffentlicht als: Cecilia H. Payne, »Stellar Evolution«, in: *The Scientific Monthly* 22.5 (1926), S. 419–423, hier S. 419, Übersetzung S. A.

28 Siehe zum Beispiel: Rudolf Kippenhahn, Alfred Weigert, Achim Weiss, *Stellar Structure and Evolution*, Berlin [2]2012.

29 Der Wissenschaftsphilosoph Dudley Shapere hat diese Tatsache als Ausgangspunkt für eine umfassende Analyse des Beobachtungsbegriffs genommen: Dudley Shapere, »The Concept of Observation in Science and Philosophy«, in: *Philosophy of Science* 49.4 (1982), S. 485–525.

30 Raymond Davis Jr., Don S. Harmer, Kenneth C. Hoffman, »Search for Neutrinos from the Sun«, in: *Physical Review Letters* 20 (1968), {doi.org/10.1103/PhysRevLett.20.1205}.

31 Ludwig Biermann, »Kometenschweife und solare Korpuskularstrahlung«, in: *Zeitschrift für Astrophysik* 29 (1951), S. 274.

32 Eine schöne historische Beschreibung dieser Phänomene findet sich bei Walter O. Roberts, »A Preliminary Report on Chromospheric Spicules of Extremely Short Lifetime«, in: *Astrophysical Journal* 101 (1944), DOI: 10.1086/144699. Der Entstehung der Spikulen geht diese Studie nach: Tanmoy Samanta et al., »Generation of Solar Spicules and Subsequent Atmospheric Heating«, in: *Science* 366 (2019), S. 890–894.

33 Einen Überblick über dieses Phänomen gibt Susanna Parenti,

»Solar Prominences: Observation«, in: *Living Reviews in Solar Physics* 11.1 (2014), DOI: 10.12942/lrsp-2014-1.

34 Einen kompakten Überblick über die verschiedenen Athmosphärenphänomene liefert die Überblicksseite der NASA {solarscience.msfc.nasa.gov/} unter »solar features«.

35 Gabor Fasko et al., »Space Weather Effects on Critical Infrastructure«, in: Tünde Anna Kovács et al. (Hg.), *Critical Infrastructure Protection in the Light of the Armed Conflicts*, Cham 2024, S. 45–56, hier S. 6, Übersetzung S. A.

36 Nachzulesen im Risikovorsorgeplan 2023, {www.bmwk.de}, letzter Zugriff 08.05.2024.

37 ESA, Vigil, {www.esa.int/Space_Safety/Vigil}, letzter Zugriff 08.05.2024.

38 Ein auf der Grundlage von NASA-Daten entwickeltes Beispiel ist die Software DAGGER, siehe Vishal Upendran et al., »Global Geomagnetic Perturbation Forecasting Using Deep Learning«, in: *Space Weather* 20.6 (2022), {doi.org/10.1029/2022SW003045}.

39 Eine kompakte Zusammenfassung findet sich bei Joanna Haigh, »Solar influences on climate«, Grantham Institute for Climate Change, Briefing Paper Nr. 5 (2011).

40 Eine umfassende Darstellung der physikalischen Prozesse findet sich bei Kenneth S. Carslaw, Giles Harrison, Jasper Kirkby, »Cosmic Rays, Clouds, and Climate«, in: *Science* 298 (2002), S. 1732–1737.

41 Milutin Milanković, *Théorie mathematique des phénomènes thermiques produit par la radiation solaire*, Paris 1920; siehe auch: Mark Maslin, »Forty Years of Linking Orbits to Ice Ages«, in: *Nature* 540 (2016), S. 208 f.

42 Eine populäre Zusammenfassung dieser Effekte der NASA findet sich hier: {science.nasa.gov/science-research/earth-science/milankovitch-orbital-cycles-and-their-role-in-earths-climate/}, letzter Zugriff 08.05.2024.

43 Als Lagrange-Punkte werden konkret diejenigen fünf Orte im erdnahen Weltraum bezeichnet, an denen sich die Gravitationskräfte von Erde und Sonne so kompensieren, dass Objekte dort ohne eigenen Antrieb verbleiben. Drei der Lagrange-Punkte liegen auf einer Linie mit Sonne und Erde: L1 liegt 1,5 Millionen Kilometer von der Erde entfernt in Rich-

tung Sonne, L3 von der Erde aus gesehen hinter der Sonne, L2 von der Sonne aus gesehen hinter der Erde. L4 und L5 laufen vor und hinter der Erde auf dem Erdorbit um die Sonne. Die Lagrange-Punkte sind bevorzugte Orte für den Betrieb von Weltraumteleskopen.

44 National Research Council, »Solar and Space Physics – A Science for a Technological Society« (2013), {doi.org/10.17226/13060}.

45 Justin C. Kasper et al., »Parker Solar Probe Enters the Magnetically Dominated Solar Corona«, in: *Physical Review Letters* 127 (2021), {doi.org/10.1103/PhysRevLett.127.255101}.

46 Informationen zur Mission finden sich hier: {parkersolar probe.jhuapl.edu}, letzter Zugriff 09.05.2024.

47 Siehe zum Beispiel Justin C. Kasper et al., »Alfvénic Velocity Spikes and Rotational Flows in the Near-Sun Solar Wind«, in: *Nature* 576 (2019), S. 228–231.

48 Ein Überblick über die Mission findet sich bei Daniel Müller et al., »The Solar Orbiter Mission – Science Overview«, in: *Astronomy & Astrophysics* 642 (2020), A1.

49 Eine der ersten Veröffentlichungen dazu ist D. Berghmans et al., »Extreme-UV Quiet Sun Brightenings Observed by the Solar Orbiter/EUI«, in: *Astronomy & Astrophysics* 656 (2021), L4.

50 Danielle Telloni et al., »Observation of a Magnetic Switchback in the Solar Corona«, in: *The Astrophysical Journal Letters* 36 (2022), L25.

51 Eine schöne Zusammenfassung findet sich auf den Seiten der Northwestern University: {faculty.wcas.northwestern.edu/infocom/The%20Website/evolution.html}, letzter Zugriff 08.05.2024.

52 Das Nobelpreiskomitee hat hier die wissenschaftlichen Hintergründe zusammengefasst: {www.nobelprize.org/uploads/2019/10/advanced-physicsprize2019-3.pdf}, letzter Zugriff 08.05.2024.

53 Siehe etwa hier: {science.nasa.gov/exoplanets/stars/}, letzter Zugriff 08.05.2024.

54 Timo Reinhold et al., »The Sun Is Less Active Than Other Solar-like Stars«, in: *Science* 368 (2020), S. 518–521.

55 Anna V. Shapiro et al., »Metal-rich Stars Are Less Suitable for

the Evolution of Life on Their Planets«, in: *Nature Communications* 14 (2023), {doi.org/10.1038/s41467-023-37195-4}.

56 Siehe {www.countryflags.com/de/tags/sonne/}, letzter Zugriff 29.05.2024.

57 Eine animierte Darstellung findet man hier: {de.wikipedia.org/wiki/Sonnenwagen_von_Trundholm#/media/Datei:Trundholm_sun_chariot_animation.gif}, letzter Zugriff 29.05.2024.

58 Vgl. Flemming Kaul, »Der Mythos von der Reise der Sonne. Darstellungen auf Bronzegegenständen der späten Bronzezeit«, in: *Gold und Kult der Bronzezeit*, Ausstellungskatalog, Germanisches Nationalmuseum, Nürnberg 2003, S. 37–51; Flemming Kaul, »Der Sonnenwagen von Trundholm«, in: Harald Meller (Hg.), *Der geschmiedete Himmel. Die weite Welt im Herzen Europas vor 3600 Jahren*, Ausstellungskatalog, Landesmuseum für Vorgeschichte, Halle (Saale), Stuttgart 2004, S. 54–57.

59 Bernhard Hänsel, »Wie sich die Sonne zum Sonnengott wandelte. Die Bedeutung des Lichts für die Kulturen der Bronzezeit«, in: *fundiert: Licht und Finsternis* 1 (2003), {www.fuberlin.de/presse/publikationen/fundiert/archiv/2003_01/03_01_haensel/index.html}, letzter Zugriff 03.04.2024.

60 »Himmelsscheibe von Nebra«, {www.himmelsscheibe-erleben.de/ihr-besuch/besucherinformation/die-himmelsscheibe-von-nebra}, letzter Zugriff 08.04.2024.

61 Harald Meller, »Nebra: Vom Logos zum Mythos – Biographie eines Himmelsbildes», in: ders., François Bertemes (Hg.), *Der Griff nach den Sternen*, Internationales Symposium in Halle/Saale 16.–21. Februar 2005, Leipzig o. J., {www.academia.edu/11047898/Nebra_Vom_Logos_zum_Mythos_Biographie_eines_Himmelsbildes}, letzter Zugriff 03.04.2024.

62 Hänsel, *Wie sich die Sonne zum Sonnengott wandelte*; vgl. Harald Meller, Michael Schefzik (Hg.), *Die Welt der Himmelsscheibe von Nebra – Neue Horizonte*, Ausstellungskatalog, Landesmuseum für Vorgeschichte Halle (Saale), Darmstadt 2020. Näheres abweichend bei Emília Pásztor, Curt Roslund, »An interpretation of the Nebra disc«, in: *Antiquity* 81 (2007), S. 267–278.

63 Beispiele etwa unter: {www.alamy.de/fotos-bilder/gott-apollo-auf-sonnenwagen.html?sortBy=relevant}, letzter Zugriff 03.04.2024.

64 Dazu die Beiträge und Diskussionen u. a. zum Alten und frühmittelalterlichen Indien, den klassischen Maya und Inka in: Andrea Bärnreuther (Hg.), *Sonne. Brennpunkt der Kulturen der Welt*, München 2009.

65 »List of Solar Deities«, {en.wikipedia.org/wiki/List_of_solar_deities}, letzter Zugriff 03.04.2024.

66 Näheres bei Bernhard Scheid, »Zeitalter der Götter, Teil 1: Die Götter des Himmels«, {religion-in-japan.univie.ac.at/Handbuch/Mythen/Goetter_des_Himmels}, letzter Zugriff 03.04.2024.

67 Zur Periodisierung der altägyptischen Geschichte vgl. Jan Assmann, *Ägypten. Eine Sinngeschichte*, München 1996. Im Zeitraffer: Aus der Vereinigung von Unter- und Oberägypten zu einer politischen Einheit um 3100 v. Chr. (u. a. mit der Entwicklung der Hieroglyphenschrift) entstanden die erste und zweite Dynastie des pharaonischen Königtums. Mit der dritten Dynastie brachte die sog. »Pyramidenzeit« monumentale Weltwunder und die ältesten religiösen Texte der Menschheit; sie mündete in innenpolitische Spaltungen, die mit der Wiedervereinigung Ägyptens unter Mentuhotep II., dem Fürsten von Theben, endeten, womit im sog. Mittleren Reich eine Blütezeit der Literatur begann. Es folgte bis 1540 v. Chr. eine Epoche der Fremdherrschaften, in der 18. Dynastie (bis 1292 v. Chr.) erfolgte die größte territoriale Ausdehnung des Reiches bis nach Vorderasien und Nubien und den heutigen Sudan. Amenophis III. (1390–1353 v. Chr.) errichtete den Luxor-Tempel, Echnaton (1353–1336 v. Chr.), der Gatte der Nofretete, führte den Monotheismus ein, den Tutanchamun (1332–1323 v. Chr.) widerrief. Ramses II. (1279–1213 v. Chr.) errichtete den Tempel von Abu Simbel und verlor gegen die Hethiter die Schlacht von Qadesch. Ramses XI. (um 1105–1070 v. Chr.) war der letzte der im Tal der Könige bestatteten Herrscher. Es folgten der wirtschaftliche Niedergang und die Herrschaft libyscher und »schwarzer« (nubischer) »Fremdländer« bis zur zweimaligen Perserherrschaft. 332 v. Chr. leiteten Alexander der Große (332–323 v. Chr.) und

sein Stellvertreter Ptolemaios (323–306 v. Chr.) die hellenistische Phase ein, in der Alexandria zum Mittelpunkt der Welt und ein Zentrum von Wissenschaft und Kunst wurde. Kleopatra VII. (51–30 v. Chr.) war die letzte Herrscherin Ägyptens, die nach der verlorenen Schlacht bei Actium gegen die Römer Suizid beging. Ägypten wurde römische Provinz, mit der Teilung des Römischen Reiches 395 n. Chr. fiel es an Byzanz.

68 Vgl. George Hart, *The Routledge Dictionary of Egyptian Gods and Goddesses*, London 2005.

69 Jan Assmann, »Im Bild der Sonne – Konstruktionen von Göttlichkeit im alten Ägypten«, in: Andrea Bärnreuther (Hg.), *Sonne. Brennpunkt der Kulturen der Welt*, München 2009, S. 16–33.

70 Hermann Usener, *Das Weihnachtsfest*, Bonn 1889; ders., »Sol Invictus«, in: *Rheinisches Museum für Philologie* 60 (1905), S. 465–491; kritisch: Steven E. Hijmans, »Sol Invictus, the Winter Solstice, and the Origins of Christmas«, in: *Mouseion* 47.3 (2003), S. 377–398, und C. Philipp E. Nothaft, »The Origins of the Christmas Date: Some Recent Trends in Historical Research«, in: *Church History* 81 (2012), S. 903–911.

71 Vgl. Heinz Kähne, *Die Alexanderschlacht*, München 1998; Christoph Wagner, Oliver Jehle (Hg.), *Albrecht Altdorfer: Kunst als zweite Natur*, Regensburg 2012; Reinhart Koselleck, »Vergangene Zukunft der frühen Neuzeit«, in: ders., *Vergangene Zukunft. Zur Semantik geschichtlicher Zeiten*, Frankfurt am Main 1979, S. 17–37; Christoph Asendorf, *Planetarische Perspektiven*, Paderborn 2017, S. 67 ff.

72 Vgl. F. B. Polleross, »Sonnenkönig und österreichische Sonne. Kunst und Wissenschaft als Fortsetzung des Krieges mit anderen Mitteln«, in: *Wiener Jahrbuch für Kunstgeschichte* 40.1 (1987), S. 239–256.

73 Louis XIV gilt neuerdings wieder verstärkt biografisches Interesse, vgl. Joel Cornette, *La mort de Louis XIV. Apogée et crépescule de la royauté*, Paris 2015; Stéphane Guerre, *Louis XIV*, Paris 2021; Sven Externbrink, *Ludwig XIV. König im großen Welttheater*, Leiden 2021 sowie Johannes Willms, *Louis XIV. Der Sonnenkönig und seine Zeit*, München 2023.

74 Vgl. Philip Blom, *Die Welt aus den Angeln. Eine Geschichte der Kleinen Eiszeit von 1570 bis 1700 sowie der Entstehung der moder-*

nen Welt, verbunden mit einigen Überlegungen zum Klima der Gegenwart, München 2017; siehe auch Ronald D. Gerste, *Wie das Wetter Geschichte macht: Katastrophen und Klimawandel von der Antike bis heute*, Stuttgart 2015, S. 129–137.

75 Vgl. dazu Peter Burke, *Ludwig XIV. Die Inszenierung des Sonnenkönigs*, Berlin 1995.

76 Vgl. Campanella, *Der Sonnenstaat*, Kapitel 28, {www.zeno.org/Philosophie/M/Campanella,+Tommaso/Der+Sonnenstaat#google_vignette}, letzter Zugriff 08.05.2024.

77 Mit dem Libretto von Isaac de Benserade.

78 Sandra Meinzenbach, »Der König tanzt: Choreografien der Macht am Hof Ludwigs XIV.«, in: dies., *Männerbilder im Ballett. Vom 19. Jahrhundert in die Gegenwart*, Marburg 2017, S. 25–38, Zitat S. 28.

79 Ludwig XIV., *Mémoires*, übersetzt von L. Steinfeld, Basel, Leipzig 1931, S. 187.

80 Meinzenbach, »Der König tanzt«, S. 27.

81 Thomas Höpel, »Das Modell Versailles«, in: *Europäische Geschichte Online*, 3. Dezember 2010, {www.ieg-ego.eu/de/threads/modelle-und-stereotypen/das-modell-versailles/thomas-hoepel-das-modell-versailles}, letzter Zugriff 03.04.2024.

82 Vgl. Lothar Schilling, *Das Jahrhundert Ludwigs XIV. Frankreich im Grand Siècle 1598–1715*, Darmstadt 2010; Externbrink, *Ludwig XIV.*

83 Vgl. Kirsten Ahrens, *Hyacinthe Rigauds Staatsporträt Ludwigs XIV. Typologische und ikonologische Untersuchung zur politischen Aussage des Bildnisses von 1701*, Worms 1990; Stéphan Perreau, *Hyacinthe Rigaud (1659–1743). Le peintre des rois*, Montpellier 2004; Myriam Tsikounas, »De la gloire à l'émotion. Louis XIV en costume de sacre par Hyacinthe Rigaud«, in: *Sociétés & Représentations* 26.2 (2008), {doi.org/10.3917/sr.026.0057}.

84 Externbrink, *Ludwig XIV.*, S. 209 ff.

85 Michel Jeanneret, *Versailles, ordre et chaos*, Paris 2012.

86 Schilling, *Das Jahrhundert Ludwigs XIV.*, S. 125 ff.

87 James Lequeux, Laurence Bobis, *L'Observatoire de Paris: 350 ans de science*, Paris 2012.

88 Hall Bjørnstad, *The Dream of Absolutism. Louis XIV and the Logic of Modernity*, Chicago 2021.

89 Ebd, S. 97.

90 Vgl. Hendrik Ziegler, *Der Sonnenkönig und seine Feinde. Die Bildpropaganda Ludwigs XIV. in der Kritik*, Petersberg 2010.

91 Eine aufschlussreiche Sammlung von Zitaten findet sich bei Michael Philipp (Hg.), *Sonne. Die Quelle des Lichts in der Kunst*, München 2023, S. 259 ff.

92 Ingeborg Bachmann, *Werke*, Bd. 1, zitiert nach {www.planetlyrik.de/peter-von-matt-zu-ingeborg-bachmanns-gedicht-die-sonne/2016/06/} mit Rezitation und Interpretation, letzter Zugriff 08.05.2024.

93 Albert Camus, »Hochzeit in Tipasa«, in: ders., *Literarische Essays*, Hamburg 1959, S. 76 f.; vgl. auch ders., *Hochzeit des Lichts*, erweiterte Neuausgabe, Zürich 2013.

94 Zitiert nach Marleen Stoessel, »Ich sah die Sonne auf dem Grund des Meeres«, in: *Deutschlandfunk*, 20. Oktober 2013, {www.deutschlandfunk.de/ich-sah-die-sonne-auf-dem-grund-des-meeres-100.html}, letzter Zugriff 03.04.2024.

95 Ein Beispiel sind Sonnendarstellungen in der in Bulgarien gelegenen Magura-Höhle, die mehr als 2600 Jahre alt sind.

96 Vgl. Andreas Iten, *Die Sonne in der Kinderzeichnung und ihre psychologische Bedeutung*, Baar 1974.

97 Vgl. »Die Sonnenkorona«, {library.ethz.ch/standorte-und-medien/plattformen/virtuelle-ausstellungen/sonnenfinsternis-mythos-und-wissenschaft/die-sonnenkorona.html}, letzter Zugriff 08.05.2024.

98 Nach Berechnungen des Astrophysikers Donald Olson, siehe: Michael Huber, »Monets ›Impression‹. Neue Erkenntnisse«, in: *Kurier*, 23. August 2018, {kurier.at/meinung/blogs/kunstwerk-der-woche/monets-impression-neue-erkenntnisse/81.575.121}, letzter Zugriff 03.04.2024.

99 In einem Brief an Émile Bernard, zit. n. {artsandculture.google.com/asset/la-moisson-the-wheatfield-behind-saint-paul-s-hospital-with-a-reaper-vincent-van-gogh/wAE3HNQrd1Q_Qg?hl=de}, letzter Zugriff 08.05.2024.

100 Vgl. den Katalog der Ausstellung »Sunset. Ein Hoch auf die untergehende Sonne« in der Kunsthalle Bremen 2022, darin die im Folgenden, unter vielen weiteren aufgeführten und literarisch kommentierten Werke.

101 Ólafur Elíasson, Sonnenenergie 22, {www.altertuemliches.at/

termine/ausstellung/53557?quicktabs_termine_infobox=3}, letzter Zugriff 08.05.2024.

102 Eine politische Deutung versucht die Gruppen-Ausstellung *Genossin Sonne* in der Kunsthalle Wien (2024), die vor allem Film- und Videoarbeiten zeigt. Die Sonne erscheint dort als abundante Energiequelle politischer Kämpfe wie als Warnzeichen; ihre gewaltige Masse und Lebensdauer stehen im Gegensatz zur Kürze des menschlichen Lebens auf dem Planeten Erde.

103 Zusammenfassend in Claus Leggewie, Ursula Renner, Peter Risthaus (Hg.), *Prometheische Kultur. Wo kommen unsere Energien her?*, München 2013; zur Darstellung in Kunst und Literatur vgl. Bettina Vaupel, *Göttergleich – gottverlassen. Prometheus in der bildenden Kunst des 19. und 20. Jahrhunderts*, Weimar 2005; Wolfgang Storch, Burghard Damerau (Hg.), *Mythos Prometheus. Texte von Hesiod bis René Char*, Leipzig 1995.

104 Vgl. Brigitte Jacoby, *Studien zur Ikonographie des Phaetonmythos*, Bonn 1971; Hartmut Böhme, »Phaeton, Prometheus und die Grenzen des Fliegens«, in: Wolf R. Dombrowsky, Ursula Pasero (Hg.), *Wissenschaft, Literatur, Katastrophe*, Opladen 1995, S. 35–52; Dirk Schlinkert, »Vom Phaethon zum Volkswagen Phaeton. Mythos, Kutsche, Automobil«, in: Martin Korenjak, Stefan Tilg (Hg.), *Die Antike in der Alltagskultur der Gegenwart*, Innsbruck u. a. 2007, S. 303–314; Karl-Joachim Hölkeskamp, Stefan Rebenich (Hg.), *Phaëthon: Ein Mythos in Antike und Moderne*, Stuttgart 2009.

105 Jonathan M. Gitlin, »Nuclear Power? Yes please!«, in: *ars technica*, 19. März 2009, {arstechnica.com/science/2009/03/nuclear-power-yes-please/}, letzter Zugriff 03.04.2024.

106 Vgl. Jochen Antz, »Sonnenenergie – Sie war Studentin, saß in ihrem Zimmer und malte ein kleines Bild. So erfand die Dänin Anna Lund vor 36 Jahren das Symbol der Anti-Atomkraft-Bewegung«, in: *Süddeutsche Zeitung*, 19./20. März 2011, S. 3; »We Wanted a Logo that Was Cheerful and Polite«, in: *Spiegel*, 12. Juli 2011, {www.spiegel.de/international/zeitgeist/the-origin-of-the-anti-nuclear-emblem-we-wanted-a-logo-that-was-cheerful-and-polite-a-773903.html}, letzter Zugriff 03.04.2024; vgl. auch {www.smilingsun.org/}.

107 Vgl. Gala Rebane, *Emojis*, Berlin 2021.

108 Vgl. »Der Wärme- und Strahlungshaushalt der Erde«, in: *World Ocean Review* 6 (2019), {worldoceanreview.com/de/wor-6/die-polargebiete-als-teil-des-globalen-klimasystems/warum-es-in-den-polarregionen-so-kalt-wird/der-waerme-und-strahlungs haushalt-der-erde/}, letzter Zugriff 16.05.2024.

109 Vgl. Jürgen Smoliner, *Grundlagen der Halbleiterphysik: Was Studierende der Physik und Elektrotechnik wissen sollten*, Berlin, Heidelberg 2020.

110 Johannes Weniger et. al., »Stromspeicher-Inspektion 2024«, Forschungsgruppe Solarspeichersysteme HTW Berlin, Januar 2024, {solar.htw-berlin.de/studien/stromspeicher-inspek tion-2024/}, letzter Zugriff 09.05.2024.

111 International Energy Agency, »Net Zero by 2050 – A Roadmap for the Global Energy Sector«, Oktober 2021, {www.iea.org/reports/global-energy-and-climate-model/net-zero-emissions-by-2050-scenario-nze}, letzter Zugriff 09.05.2024.

112 Das DLR hat dazu 2021 eine Kurzstudie herausgegeben: »Solarthermische Kraftwerke – Wärme, Strom und Brennstoffe aus konzentrierter Sonnenenergie«, Deutsches Zentrum für Luft- und Raumfahrt e. V., Institut für Solarforschung, Februar 2021.

113 Vgl. etwa das populärwissenschaftliche Resümee von John Perlin, *Let It Shine: The 6,000-Year Story of Solar Energy*, Novato 2013, und den kurzen Überblick von Jamie Smith, Catherine Lane, »The History of Solar Energy«, in: *Solar-Reviews*, {www.solarreviews.com/blog/the-history-of-solar-energy-timeline}, letzter Zugriff 16.05.2024.

114 Elizabeth Chu, D. Lawrence Tarazano, »A Brief History of Solar Panels«, in: *Smithsonian Magazine*, {www.smithsonianmag.com/sponsored/brief-history-solar-panels-180972006/}, letzter Zugriff 16.05.2024.

115 Vgl. »Mária Telkes«, in: *Britannica*, 3. Mai 2024, {www.bri tannica.com/biography/Maria-Telkes}, letzter Zugriff 16.05.2024.

116 Vgl. John Perlin, »The Silicon Solar Cell Turns 50«, {www.nrel.gov/docs/fy04osti/33947.pdf}, letzter Zugriff 16.05.2024.

117 William Yardley, »Peter Glaser, Who Envisioned Space Solar Power, Dies at 90«, in: *The New York Times*, 6. Juni 2014, {www.nytimes.com/2014/06/06/us/peter-glaser-who-en

visioned-space-solar-power-dies-at-90.html}, letzter Zugriff 10.05.2024.

118 Vgl. Małgorzata Wiatros-Motyka et al., »Global Electricity Review 2024«, in: *EMBER* (Mai 2024), {ember-climate.org/app/uploads/2024/05/Report-Global-Electricity-Review-2024.pdf}.

119 Michaela Thorn, Thomas Schulz, Ralph Wilhelm, »Dem Rebound-Effekt auf der Spur: Einblicke in die Ergebnisse der Forschung zu Rebound-Effekten aus sozial-ökologischer Perspektive«, in: *GAIA –Ecological Perspectives for Science and Society* 31.3 (2022), S. 190–192.

120 Ben Radley, Patrick Lehmann-Grube, »Off-Grid Solar Expansion and Economic Development in the Global South: A Critical Review and Research Agenda«, in: *Energy Research & Social Science* 89 (2022), {doi.org/10.1016/j.erss.2022.102673}.

121 Eine Karte für Europa mit einer Diskussion verschiedener Datenquellen findet sich etwa hier: Marcel Šúri et al., »First Steps in the Cross-Comparison of Solar Resource Spatial Products in Europe«, Proceeding of the EUROSUN 2008, 1st International Conference on Solar Heating, Cooling, and Buildings.

122 *Die gespeicherte Sonne. Wasserstoff als Lösung des Energie- und Umweltproblems* (München 1987); *Das Solarzeitalter* (Freiburg i. Br. 1989); *Sonnen-Strategie. Politik ohne Alternative* (München 1993); *Solare Weltwirtschaft. Strategie für die ökologische Moderne* (München 1999); *Energieautonomie. Eine neue Politik für erneuerbare Energien* (München 2005); *Der energetische Imperativ. 100 Prozent jetzt: wie der vollständige Wechsel zu erneuerbaren Energien zu realisieren ist* (München 2010).

123 Angaben nach Thomas Spinnler, »Comeback der deutschen Solarindustrie?«, in: *Tagesschau*, 5. Mai 2023, {www.tagesschau.de/wirtschaft/unternehmen/sma-solar-solarindustrie-solarbranche-energiewende-photovoltaik-erneuerbare-energien-100.html}, letzter Zugriff 16.05.02024.

124 Bruno Burger, *Stromproduktion aus Solar- und Windenergie im Jahr 2011*, Fraunhofer-Institut für Solare Energiesysteme ISE, Freiburg 2012, {www.ise.fraunhofer.de/content/dam/ise/de/documents/publications/studies/daten-zu-erneuerbaren-energien/stromproduktion-aus-solar-und-windenergie-im-jahr-2011.pdf}, letzter Zugriff 16.05.2024.

125 Vgl. Harry Wirth, »Aktuelle Fakten zur Photovoltaik in Deutschland«, Fraunhofer-Institut für Solare Energiesysteme ISE, 3. April 2024, {www.ise.fraunhofer.de/de/veroeffentlichungen/studien/aktuelle-fakten-zur-photovoltaik-in-deutsch land.html}, letzter Zugriff 10.04.2024.

126 Vgl. SMA, Pressemitteilung, 9. März 2023, {www.sma.de/newsroom/news-detail/sma-steigert-2022-umsatz-erwartet-positiven-trend-fuer-2023}, letzter Zugriff 16.05.2024.

127 Vgl. BMWK, Pressemitteilung, 16. August 2023, {www.bmwk.de/Redaktion/DE/Pressemitteilungen/2023/08/20230816-mehr-tempo-und-weniger-buerokratie-beim-solarausbau.html}, letzter Zugriff 16.05.2024.

128 Vgl. *Tageszeitung*, 26. Februar, 2. Mai und 7. Mai 2024.

129 Dieser theoretische Wert ergibt sich allein aus den Materialeigenschaften, konkret also der Lücke zwischen Valenz- und Leitungsband, ohne dass zusätzliche Verluste berücksichtigt werden. Eine konkrete Berechnung findet sich hier: Armin Richter, Martin Hermle, Stefan W. Glunz, »Reassessment of the Limiting Efficiency for Crystalline Silicon Solar Cells«, in: *IEEE Journal of Photovoltaics* 3.4 (2013), DOI: 10.1109/JPHOTOV.2013.2270351.

130 Die beiden 2023 in *Science* veröffentlichten Studien werden in diesem Begleitkommentar erklärt und eingeordnet: Stefaan de Wolf, Erkan Aydin, »Tandems Have the Power«, in: *Science* 381 (2023), S. 30 f. Siehe auch: Erkan Aydin et al., »Pathways toward commercial perovskite/silicon tandem photovoltaics«, in: *Science* 383 (2024), DOI: 10.1126/science.adh3849.

131 Adamu Ahmed Goje et al., »Review of flexible perovskite solar cells for indoor and outdoor applications«, in: *Materials for Renewable and Sustainable Energy* 13 (2024), S. 155–179.

132 Wenzhu Liu et al., »Flexible solar cells based on foldable silicon wafers with blunted edges«, in: *Nature* 617 (2023), DOI: 10.1038/s41586-023-05921-z.

133 Vgl. Mark Newton, »Eine sonnige Zukunft – Wie sieht die Zukunft der Solarenergie aus?«, in: *Reset*, 20. Juni 2022, {reset.org/eine-sonnige-zukunft-wie-sieht-die-zukunft-der-solar energie-aus/}, letzter Zugriff 22.05.2024.

134 Einen Überblick über verschiedene Strategien gibt es etwa hier: Zita Ngagoum Ndalloka et al., »Solar Photovoltaic Recycling

Strategies«, in: *Solar Energy* 270 (2024), {doi.org/10.1016/j.solener.2024.112379}.

135 Jiehao Fu et al., »19.31 % binary organic solar cell and low non-radiative recombination enabled by non-monotonic intermediate state transition«, in: *Nature Communication* 14 (2023), {doi.org/10.1038/s41467-023-37526-5}.

136 Politikpapier: »Biodiversität: Jetzt dringend handeln für Natur und Mensch«, WBGU, April 2024, {www.wbgu.de/de/publikationen/publikation/pp13}, letzter Zugriff 12.05.2024.

137 Alex Ayling et al., »Wireless Power Transfer in Space Using Flexible, Lightweight, Coherent Arrays«, 2024, {arxiv.org/html/2401.15267v1}, letzter Zugriff 16.05.2024.

138 Allgemeine Informationen finden sich hier: ESA, »Cost vs. Benefits Studies«, {www.esa.int/Enabling_Support/Space_Engineering_Technology/SOLARIS/Cost_vs._benefits_studies}, letzter Zugriff 11.05.2024; die Vorstudien hier: »Pre-Phase A System Study of a Commercial-Scale Space-Based Solar Power (SBSP) System for Terrestrial Needs« (2023), Programmreferenz: 23-P-M-TEC-01, {nebula.esa.int/content/pre-phase-system-study-commercial-scale-space-based-solar-power-sbsp-system-terrestrial}, letzter Zugriff 16.05.2024.

139 Vgl. Shiwei Dong et al., »Retro-directive Microwave Power Beam Steering Technology for Space Solar Power Station«, Chinese Space Science and Technology (2022), DOI: 10.16708/j.cnki.1000-758X.2022.0070.

140 Vgl. Elizabeth Gibney, »Could Solar Panels in Space Supply Earth with Clean Energy?«, in: *Nature*, 1. Februar 2023, DOI: 10.1038/d41586-023-00279-8.

141 H. Damon Matthews, Seth Wynes, »Current global efforts are insufficient to limit warming to 1.5°C«, in: *Science* 376 (2022), S. 1404–1409, hier S. 1406, {www.science.org/doi/10.1126/science.abo3378}, letzter Zugriff 03.04.2024, Übersetzung S. A.

142 Ebd., S. 1409.

143 »Restoring the Quality of Our Environment«, The White House, November 1965, S. 126, {www.climatefiles.com/climate-change-evidence/presidents-report-atmospher-carbon-dioxide/}, letzter Zugriff 03.04.2024, Übersetzung S. A.

144 Ebd., S. 127.

145 Michail I. Budyko, *Climatic Changes*, hg. von der American Geophysical Union, Washington D. C. 1977, S. 244 ff.

146 Zitiert nach: Ken Caldeira, Govindasamy Bala, »Reflecting on 50 Years of Geoengineering Research«, in: *Earth's Future* 5.1 (2017), S. 10–17, hier S. 10, online 2. November 2016, {doi.org/10.1002/2016EF000454}, Übersetzung S. A.

147 David W. Keith, »Geoengineering the Climate: History and Prospect«, in: *Annual Review of Energy and the Environment* 25 (2000), S. 245–284.

148 Bala Govindasamy, Ken Caldeira, »Geoengineering Earth's Radiation Balance to Mitigate CO_2-induced Climate Change«, in: *Geophysical Research Letters* 27 (2000), S. 2141–2144.

149 Paul J. Crutzen, »Albedo Enhancement by Stratospheric Sulfur Injections: A Contribution to Resolve a Policy Dilemma?«, in: *Climatic Change* 77 (2006), S. 211–220, {link.springer.com/article/10.1007/s10584-006-9101-y}, letzter Zugriff 03.04.2024.

150 Alan Robock, »20 reasons why geoengineering may be a bad idea«, in: *Bulletin of the Atomic Scientists* 64.2 (2008), S. 14–59, online 15. September 2015, {doi.org/10.1080/00963402.2008.11461140}.

151 Vgl. ebd.

152 Caldeira/Bala, »Reflecting on 50 Years of Geoengineering Research«.

153 National Academies of Sciences, Engineering, and Medicine (Hg.), *Reflecting Sunlight. Recommendations for Solar Geoengineering Research and Research Governance*, Washington D. C. 2021, {doi.org/10.17226/25762}, Übersetzung S. A.

154 »Congressionally-Mandated Report on Solar Radiation Modification«, The White House, 30. Juni 2023, {www.whitehouse.gov/ostp/news-updates/2023/06/30/congressionally-mandated-report-on-solar-radiation-modification/}, letzter Zugriff 03.04.2024.

155 Ebd., S. 16, Übersetzung S. A.

156 Siehe zum Beispiel Gernot Wagner, *Und wenn wir einfach die Sonne verdunkeln?*, München 2023.

157 Sibylle Anderl, »Kann das Klima gerettet werden, indem wir die Sonne verdunkeln?«, in: *Frankfurter Allgemeine Zeitung*, 29. September 2023, {www.faz.net/aktuell/feuilleton/

debatten/klima-rettung-durch-die-verdunkelung-der-sonne-19207134.html}, letzter Zugriff 16.05.2024.

158 Jeff Tollefson, »Divisive Sun-dimming Study at Harvard Cancelled: What's next?«, in: *Nature*, 27. März 2024, {www.nature.com/articles/d41586-024-00876-1}, letzter Zugriff 16.05.2024.

159 »Buying Time. Warming Is Getting Worse«, in: *New York Times*, 2. April 2024, {www.nytimes.com/2024/04/02/climate/global-warming-clouds-solar-geoengineering.html}, letzter Zugriff 29.05.2024.

160 Christopher Flavelle, »Cloud Brightening Study in California Is Halted by Local Officals«, in: *The New York Times*, 13. Mai 2024, {www.nytimes.com/2024/05/13/climate/cloud-brightening-geoengineering.html}, letzter Zugriff 29.05.2024.

161 {makesunsets.com}, letzter Zugriff 29.05.2024.

162 Andrew Lockley, Ishita Mundbra, Patrick Taylor Smith, »Legitimacy and Justifiability of Non-State Geoengineering«, in: *Futures* 152 (2023), {doi.org/10.1016/j.futures.2023.103210}, Übersetzung S. A.

163 Ebd.

164 Ryan Gunderson, Diane Stuart, Brian Petersen, »The Political Economy of Geoengineering as Plan B: Technological Rationality, Moral Hazard, and New Technology«, in: *New Political Economoy* 24.5 (2019), S. 696–715, online 24. Juli 2018, {doi.org/10.1080/13563467.2018.1501356}, Übersetzung S. A.

165 Siehe dazu die einführende Broschüre: Forschungszentrum Jülich (FZJ), Forschungszentrum Karlsruhe (FZK), Max-Planck-Institut für Plasmaphysik (IPP), *Kernfusion*, Karlsruhe 2006, {www.fusion.kit.edu/downloads/Kernfusion.pdf}, letzter Zugriff 19.05.2024.

166 Vgl. Harald Lesch, »Kernfusion Reloaded«, in: *Spektrum der Wissenschaft*, 27. Juni 2023, {www.spektrum.de/video/kernfusion-reloaded/2154003}, letzter Zugriff 03.04.2024; Hartmut Zohm, »Kernfusionsforschung – das Sternenfeuer auf die Erde holen?« Vortrag am 19. Juni 2023, Universität Stuttgart, {www.youtube.com/watch?v=t_9rX7a_tOU}, letzter Zugriff 03.04.2024.

167 Hans A. Bethe, »Energy Production in Stars«, in: *Physical Review* 55 (1939), S. 434–456.

168 Mark L. E. Oliphant, Paul Harteck, Ernest Rutherford, »Trans-

mutation effects observed with heavy hydrogen«, in: *Proceedings of the Royal Society A* 144 (1934), {doi.org/10.1098/rspa.1934.0077}.

169 Simon Märkl, *Big Science Fiction. Kernfusion und Popkultur in den USA*, Bielefeld 2019.

170 Harold C. Urey, F. G. Brickwedde, G. M. Murphy, »A Hydrogen Isotope of Mass 2«, in: *Physical Review* 39 (1932), S. 164 f., {doi.org/10.1103/PhysRev.39.164}.

171 Siehe zum Beispiel: Jeff Tollefson, Elizabeth Gibney, »Nuclear-fusion Lab Achieves ›Ignition‹: What Does It Mean?«, in: *Nature* 612 (2022), S. 597–598.

172 Joshua Frank, »Sonne auf Erden? Warum Kernfusion nicht das Klima retten wird«, in: *Le Monde diplomatique*, 9. März 2023, S. 1, 22; Joel Achenbach, Evan Halper, »U. S. Announces Milestone for Fusion Energy, Sparking Hopes for Clean Power«, in: *Washington Post*, 13. Dezember 2022, {www.washingtonpost.com/business/2022/12/13/fusion-energy-biden-climate/}, letzter Zugriff 03.04.2024.

173 Zit. nach *Frankfurter Allgemeine Zeitung*, 14. Dezember 2022.

174 Vgl. {energy.ec.europa.eu/system/files/2022-02/ITER_Fact sheet_the%20iter%20project_DE.pdf}; Hans-Stephan Bosch, Alexander M. Bradshaw, »Kernfusion als Energiequelle der Zukunft«, in: *Physikalische Blätter* 57.11 (2001), S. 55–60.

175 Am 15. Februar 2023 wurde eine acht Minuten andauernde Plasmaentladung erzeugt: »Wendelstein 7-X erreicht Meilenstein«, in: Max-Planck-Institut für Plasmaphysik, 22. Februar 2023, {www.ipp.mpg.de/5322014/01_23}, letzter Zugriff 20.05.2024.

176 {tae.com/}; {cfs.energy/}; {marvelfusion.com/}.

177 »Das Start-up Focused Energy will mit Lasertechnologie Energie gewinnen«, in: *Zeitung für kommunale Wirtschaft*, 18. August 2021, {www.zfk.de/energie/strom/das-start-up-focused-energy-will-mit-lasertechnologie-energie-gewinnen}, letzter Zugriff 10.04.2024.

178 {www.primemoverslab.com/}, letzter Zugriff 08.05.2024.

179 Stephan Finsterbusch, »Eine Sonne auf Erden«, in: *Frankfurter Allgemeine Zeitung*, 8. November 2022.

180 »Kernfusion kommt vor allem als Vorsorgeoption für eine fernere Zukunft, in der Reserven und Ressourcen fossiler Ener-

gieträger weitgehend erschöpft sind, in Betracht. Sie könnte zu einem Energiemix beitragen, der robust gegenüber unterschiedlichen politischen und wirtschaftlichen Entwicklungen ist.« Armin Grünwald u. a., *Kernfusion. Sachstandsbericht*, TAB – Büro für Technikfolgenabschätzung beim Deutschen Bundestag, Berlin 2002.

181 »Dank der erheblichen Fortschritte in der Fusionsforschung in den letzten Jahren ist die Welt an einem Punkt angekommen, an dem diese Technologie nicht mehr nur ein hypothetisches Zukunftsversprechen ist, sondern konkret machbar erscheint. Daher sind strategisches Handeln und eine klare Positionierung der Bundesregierung dringend geboten, um die bestehenden Chancen entschlossen zu nutzen. Das BMBF wird mit dem geplanten Förderprogramm und weiteren Maßnahmen die oben skizzierten Handlungsfelder technologieoffen angehen, die deutschen Akteure in Industrie und Wissenschaft unterstützen und vernetzen. So werden die Voraussetzungen für die Nutzung der Fusion als künftige CO_2-neutrale Energiequelle geschaffen.« Bundesministerium für Bildung und Forschung, *Positionspapier Fusionsforschung. Auf dem Weg zur Energieversorgung von morgen*, Bonn 2023, {www.bmbf.de/SharedDocs/Publikationen/de/bmbf/7/775804_Positionspapier_Fusionsforschung.pdf?__blob=publicationFile&v=4}, letzter Zugriff 10.04.2024.

182 Vgl. Hartmut Zohm, »Fünf Irrtümer zur Kernfusion«, *Spektrum der Wissenschaft*, Video, 27. Mai 2023, {www.spektrum.de/video/urknall-weltall-und-das-leben-5-irrtuemer-zur-kernfusion/2134635}, letzter Zugriff 03.04.2023; Harald Lesch, Marco Smolla, Hartmut Zohm, »Kernfusion: Löst sie alle Probleme?«, *ZDF Terra X*, 9. Februar 2023, {www.youtube.com/watch?v=VMY3HqDdK1Q}, letzter Zugriff 03.04.2024.

183 Lockheed Martin, »Rastarting the Atomic Age«, {www.lockheedmartin.com/en-us/products/compact-fusion.html; www.lockheedmartin.com/en-us/products/compact-fusion.html}, letzter Zugriff 03.04.2024.

184 Dirk Eidemüller, »Vision mit Fragezeichen«, in: *Frankfurter Allgemeine Zeitung*, 18. Dezember 2022.

Dank

Wir danken der Universität Gießen und dem Panel on Planetary Thinking für die Unterstützung, den Teilnehmern des Forschungskolloquiums zur Entdeckung der Sonne im September 2023 für wertvolle Diskussionen, Friederike Kopp für ihre Hilfe bei der Bildbeschaffung und Birgit Lulay für ihre kritische und gründliche Arbeit am Text.

Erste Auflage Berlin 2024

MSB Matthes & Seitz Berlin Verlagsgesellschaft mbH
Großbeerenstraße 57A, 10965 Berlin
info@matthes-seitz-berlin.de

Satz und Gestaltung: psb, Berlin
Umschlaggestaltung: Dirk Lebahn, Berlin
Druck und Bindung: Finidr, s. r. o., Český Těšín

ISBN 978-3-7518-2041-7

www.matthes-seitz-berlin.de